W0060509

Emanuele Coccia

DIE WURZELN DER WELT

Eine Philosophie der Pflanzen

Aus dem Französischen
von Elsbeth Ranke

Carl Hanser Verlag

Titel der Originalausgabe:
La vie des plantes. Une métapysique du mélange.
Paris, Éditions Payot & Rivages 2016

5. Auflage 2018

ISBN 978-3-446-25834-1
© 2016, Éditions Payot & Rivages
Alle Rechte der deutschen Ausgabe:
© 2018 Carl Hanser Verlag GmbH & Co. KG, München
Umschlag: Anzinger und Rasp, München.
Motiv: © janda75/Getty Images
Satz: Greiner & Reichel, Köln
Druck und Bindung: GGP Media GmbH, Pößneck
Printed in Germany

MIX
Papier aus verantwor-
tungsvollen Quellen
FSC® C014496
www.fsc.org

Matteo Coccia (1976–2001)
in memoriam

INHALT

IV THEORIE DER BLÜTE –
DIE FORMEN DER VERNUNFT

V EPILOG

Im Alter zwischen 14 und 19 Jahren besuchte ich eine Landwirtschaftsschule irgendwo in der ländlichen Provinz Mittelitaliens. Dort sollte ich einen »richtigen Beruf« erlernen. Statt mich wie all meine Freunde dem Studium der klassischen Sprachen zu widmen, der Literatur, der Geschichte und der Mathematik, verbrachte ich meine Jugend versunken in Büchern über Botanik, Phytopathologie, Agrarchemie, Gemüseanbau und Insektenkunde. Im Mittelpunkt des Unterrichts an dieser Schule standen die Pflanzen, ihre Bedürfnisse und ihre Erkrankungen. Der jahrelange tägliche Kontakt mit Lebewesen, die mir ursprünglich so fern waren, hat meinen Blick auf die Welt nachhaltig geprägt. Dieses Buch versucht, die Gedanken zu neuem Leben zu erwecken, die aus diesen fünf Jahren Betrachtung ihrer Natur, ihres Schweigens, ihrer anscheinenden Gleichgültigkeit gegenüber aller »Kultur« erwachsen sind.

Es ist offensichtlich, dass es nur eine einzige Substanz gibt, die nicht nur allen Körpern gemeinsam ist, sondern auch allen Seelen und Geistern, und dass sie nichts anderes ist als Gott selbst. Die Substanz, von der aller Körper kommt, heißt Materie; die Substanz, von der alle Seele kommt, heißt Vernunft oder Geist. Und es ist offensichtlich, dass Gott die Vernunft aller Geister ist und die Materie aller Körper.
David de Dinant

This is a blue planet, but it is a green world.
Karl J. Niklas[1]

I

PROLOG

1

VON DEN PFLANZEN,
ODER VOM URSPRUNG
UNSERER WELT

Wir sprechen kaum von ihnen und vergessen ihre Namen. Die Philosophie hat sie schon immer vernachlässigt, aus Geringschätzung mehr als aus Unachtsamkeit.[1] Sie sind kosmisches Ornament, unwesentlicher Farbtupfer am Rande unseres kognitiven Feldes. In den modernen Metropolen sieht man sie als überflüssigen Klimbim der Stadtverschönerung. Vor den Toren der Stadt sind sie Gäste – als Unkraut – oder Gegenstand der Massenproduktion. Die Pflanzen sind die immer offene Wunde der metaphysischen Arroganz, die unsere Kultur definiert. Die Wiederkehr des Verdrängten, das wir loswerden müssen, um uns als anders betrachten zu können: Menschen, vernunftbegabte, spirituelle Wesen. Pflanzen sind das kosmische Geschwür des Humanismus, der Abfall, den der absolute Geist nicht zu beseitigen vermag. Auch von den Biowissenschaften werden sie vernachlässigt. »Die heutige Biologie stützt sich auf unser Wissen über das Tier und klammert die Pflanzen praktisch völlig aus«;[2] »die Standardliteratur zur Evolution ist zoozentrisch«. Und die Biologielehrbücher behandeln »die Pflanzen nur widerwillig als Dekoration auf dem Lebensbaum statt als die Formen, die diesem Baum das Überleben und Wachsen erst ermöglicht haben.«[3]

Das ist nicht einfach nur eine epistemologische Unzuläng-lichkeit: »Als Tiere identifizieren wir uns sehr viel unmittel-barer mit anderen Tieren als mit Pflanzen.«[4] So engagieren sich Wissenschaftler, radikale Ökologen und die Zivilgesell-schaft seit Jahrzehnten für die Befreiung der Tiere,[5] und die harsche Kritik an der Trennung zwischen Mensch und Tier (die anthropologische Maschine, von der in der Philosophie die Rede ist[6]) ist heute ein Gemeinplatz der intellektuellen Welt. Dagegen hat anscheinend niemand je die Überlegen-heit des Tierlebens über das Pflanzenleben infrage gestellt und das Recht des Ersten, über Leben und Tod der Pflanzen zu entscheiden: Ihrem Leben wird jede Persönlichkeit und Würde abgesprochen, und so verdient es weder irgendeine wohlwollende Empathie noch die Anwendung des Moralis-mus, zu dem die überlegenen Lebewesen doch in der Lage sind.[7] Unser tierischer Chauvinismus[8] weigert sich, das Ter-rain einer »Tiersprache« zu verlassen, »die für eine Bezug-nahme auf eine Pflanzenwahrheit ungeeignet ist«.[9] In diesem Sinn ist der antispeziesistische Animalismus nur ein Anthro-pozentrismus unter Einbeziehung des Darwinismus: Er hat den menschlichen Narzissmus auf das Tierreich ausgedehnt.

Doch bei all dieser langen Missachtung bleiben sie un-gerührt: Mit einer souveränen Gleichgültigkeit begegnen sie der Welt des Menschen, der Kultur der Völker, dem Wech-sel von Reichen und Epochen. Die Pflanzen scheinen abwesend, wie versunken in einen langen, stummen Drogentraum. Sie haben keine Sinne, aber sie sind alles andere als abgeschottet: Kein anderes Lebewesen ist seiner Umwelt mehr verhaftet als sie. Sie haben weder Augen noch Ohren, um die Formen der Welt erkennen und ihr Abbild im Schillern von Farben und Tönen abbilden zu können, das wir in ihr wahrnehmen.[10] In allem, was ihnen begegnet, haben sie Anteil an der Welt in ihrer Gesamtheit. Die Pflanzen laufen nicht, können nicht fliegen: Sie sind nicht in der Lage, einen bestimmten Ort gegenüber dem übrigen Raum zu bevorzugen, sie müssen da bleiben, wo sie sind. Der Raum zerfällt für sie nicht in ein heterogenes Schachbrett geografischer Differenzen; die Welt verdichtet sich in dem Flecken Boden und Himmel, den sie besetzen. Im Unterschied zu den meisten höheren Tieren haben sie keinerlei selektive Beziehung zu ihrer Umwelt: Sie *sind*, sie können nicht anders, als ständig ihrer Umwelt ausgesetzt zu sein. Das pflanzliche Leben ist das Leben als integrales Ausgesetztsein in absoluter Kontinuität und globaler Kommunion mit der Umwelt. Um mit der Welt so eng wie möglich zu verwachsen, entwickeln sie einen Körper, dem die Oberfläche wichtiger ist als das Volumen: »Die im Verhältnis zum Volumen sehr große Oberfläche bei den Pflanzen ist eines ihrer typischsten Merkmale. Über diese ausgedehnte Oberfläche, die sich buchstäblich in die Umwelt hineinstreckt, absorbieren die Pflanzen die diffusen Ressourcen, die sie zum Wachstum benötigen.«[11] Dass sie sich nicht bewegen, ist nur die Kehrseite ihrer vollständigen Haftung an dem, was ihnen begegnet, an ihrer Um welt. Die Pflanze lässt sich – *sei es physisch oder metaphysisch* – von der Welt, die sie beherbergt, nicht trennen. Sie ist die intensivste, die radikalste und paradigmatischste Form des In-der-Welt-Seins. Die Pflanze verkörpert die engste, die elementarste Verbindung, die das Leben zur Welt knüpfen kann. Und auch das Gegenteil trifft zu: Sie ist das klarste Observatorium, um die Welt in ihrer Gesamtheit zu beobachten. Unter Sonne und Wolken, vermengt mit Wasser und Wind, ist ihr Leben eine unendliche kosmische Betrachtung, ohne Trennung von Gegenstand und Substanz; oder anders gesagt, in Akzeptanz aller Nuancen bis hin zur Verschmelzung mit der Welt, bis zum Zusammenfall mit ihrer Substanz. Nie werden wir eine Pflanze verstehen können, solange wir nicht verstanden haben, was die Welt ist.

2

DIE AUSWEITUNG DER LEBENSZONE

Sie leben unendlich weit weg von der Welt der Menschen, so wie fast sämtliche andere Lebewesen. Diese totale Trennung ist keine kulturelle Illusion, sondern gründet tiefer. Ihre Wurzel liegt im Stoffwechsel.

Das Überleben fast sämtlicher Lebewesen setzt die Existenz anderer Lebewesen voraus: Jede Lebensform ist darauf angewiesen, dass es auf der Welt bereits Leben gibt. Die Menschen brauchen das Leben, das Tiere und Pflanzen hervorbringen. Und die höheren Tiere würden nicht überleben ohne das Leben, das sie über den Ernährungsprozess untereinander austauschen. Leben ist im Wesentlichen ein Leben vom Leben der anderen: Leben im und durch das Leben, das andere aufzubauen oder zu erfinden wussten. Das Lebendige charakterisiert sich durch eine Art universellen Parasitismus, ja Kannibalismus: Es ernährt sich von sich selbst, betrachtet nur sich, braucht sich selbst für andere Daseinsformen und Daseinswege. Als wäre das Leben in seinen komplexesten, am stärksten ausartikulierten Formen immer nur eine unermessliche kosmische Tautologie: Es setzt sich selbst voraus, produziert nur sich selbst. Darum erklärt sich, so scheint es, das Leben nur aus sich selbst. Die Pflanzen dagegen bilden die einzige Lücke in der Autoreferenzialität des Lebendigen.

In diesem Sinn scheint das höhere Leben nie unmittelbare Beziehungen zur unbelebten Welt gehabt zu haben: Die erste Umgebung alles Lebendigen ist die der Individuen seiner Art oder auch anderer Arten. Das Leben, so scheint es, *muss Milieu, muss Ort für sich selbst sein.* Nun trifft es sich aber, dass die Pflanzen gegen diese topologische Autoinklusionsregel verstoßen. Um zu überleben, brauchen sie nicht die Vermittlung anderer Lebewesen. Sie streben sie nicht an. Sie wollen nur die Welt, die Wirklichkeit in ihren elementarsten Komponenten: Steine, Wasser, Luft, Licht. Sie sehen die Welt, bevor sie von höheren Lebensformen bewohnt wird, sehen die Wirklichkeit in ihren ursprünglichsten Formen. Oder besser, sie finden Leben, wo das kein anderer Organismus schafft. Sie formen alles, was sie berühren, in Leben um, sie machen Materie, Luft, Sonnenlicht zu dem, was für die übrigen Lebewesen Wohnraum, ja Welt wird. Die Autotrophie – so bezeichnet man diese Midas-Gabe, alles, was man berührt, und alles, was man ist, in Nahrung umformen zu können – ist nicht einfach nur eine radikale Form der Nahrungsautonomie, sondern vor allem ihre Fähigkeit, die im Kosmos versprengte Sonnenenergie in lebende Körper umzuformen, die formlose, zerfaserte Materie der Welt in kohärente, geordnete, einheitliche Wirklichkeit zu verwandeln.

Was die Welt ist, müssen wir von den Pflanzen erfragen – denn eben sie »machen Welt«. Diese Welt ist für die allermeisten Organismen ein Produkt des pflanzlichen Lebens, Produkt der uralten Besiedelung unseres Planeten durch die Pflanzen. Nicht nur besteht der Organismus der Tiere vollständig aus den organischen Substanzen, die von den Pflanzen produziert wurden,[1] sondern »die höheren Pflanzen stellen 90 Prozent der eukaryotischen Biomasse der Erde dar«.[2] Sämtliche Gegenstände und Werkzeuge, die uns umgeben, sind pflanzlichen Ursprungs (Nahrungsmittel, Möbel, Kleidung, Treibstoffe, Medikamente), vor allem aber ernährt sich sämtliches höheres (aerobes) Tierleben vom organischen Gasaustausch dieser Wesen (nämlich dem Sauerstoff). Unsere Welt ist ein pflanzliches Faktum, bevor sie zum tierischen Faktum wird.

Als Erstes befasste sich Aristoteles mit der Grenzstellung der Pflanzen, indem er sie als Prinzip der Beseeltheit und des universellen Psychismus beschrieb. Das vegetative Leben – die Nährseele (threptikē psychē) – war für den Aristotelismus der Antike und des Mittelalters nicht einfach nur eine bestimmte Klasse spezieller Lebensformen oder eine von den anderen getrennte taxonomische Einheit, sondern tatsächlich ein Ort, der allen Lebewesen gemein war, ganz ohne Unterscheidung zwischen Pflanzen, Tieren und Menschen. Dieses Leben ist ein Prinzip, »wodurch das Leben allen zukommt«.[3]

Durch die Pflanzen definiert sich das Leben zunächst als *Zirkulation* des Lebendigen und bildet sich daher in der Uneinheitlichkeit der Formen aus, in der Unterscheidung der Arten, der Reiche, der Lebensweisen. Dennoch sind sie keine Zwischenformen an der kosmischen Schwelle zwischen lebendig und nicht-lebendig, zwischen Geist und Materie. Mit ihrem Landgang und ihrer Vermehrung konnte die Menge an Materie und organischer Masse produziert werden, aus der das höhere Leben sich zusammensetzt und von der es sich ernährt. Vor allem aber haben sie zugleich das Gesicht unseres Planeten für immer verwandelt: Über die Photosynthese kam es zu dem massiven Sauerstoffgehalt unserer Atmosphäre;[4] und ebenfalls dank der Pflanzen und ihres Lebens können die höheren Tierorganismen die zum Überleben nötige Energie produzieren. Durch und über sie produziert unsere Erde ihre Atmosphäre und lässt die Wesen atmen, die ihre Oberfläche bewohnen. Das Leben der Pflanzen ist eine laufende Kosmogonie, die kontinuierliche Genese unseres Kosmos. In diesem Sinne müsste die Botanik im hesiodischen Duktus alle Formen des Lebens, die zur Photosynthese in der Lage sind, als unmenschliche materielle Gottheiten beschreiben, als zahme Titanen, die keine Gewalt brauchen, um neue Welten zu begründen.

Damit rütteln die Pflanzen an einem Pfeiler der Biologie und der Naturwissenschaften der letzten Jahrhunderte: an der Priorität des Milieus über das Lebendige, der Welt über das Leben, des Raums über das Subjekt. Die Pflanzen, ihre Geschichte, ihre Evolution beweisen, dass die Lebewesen das Milieu, in dem sie leben, selbst hervorbringen und nicht gezwungen sind, sich ihm anzupassen. Sie haben die metaphysische Struktur der Welt für immer verändert. Wir sind eingeladen, die physische Welt als Gesamtheit aller Gegenstände zu denken, als Raum, der alles Gewesene, Seiende und Zukünftige einschließt: als endgültigen Rahmen, der kein Außen mehr duldet, das absolut Umfassende. Indem die Pflanzen die Welt, deren Teil und Inhalt sie sind, ermöglichen, zerstören sie die topologische Hierarchie, die im Kosmos scheinbar herrscht. Sie zeigen, dass das Leben ein Bruch in der Asymmetrie zwischen Umfassendem und Umfasstem ist. Sobald es Leben gibt, ruht das Umfassende im Umfassten (ist also in ihm enthalten) und umgekehrt. Das Paradigma dieser gegenseitigen Verschränkung nannte man schon in der Antike den Atem *(pneuma)*. Hauchen, atmen bedeutet in der Tat genau diese Erfahrung: Was uns enthält, die Luft, wird zu dem, was in uns enthalten ist, und umgekehrt, was in uns enthalten war, wird zu dem, was uns enthält. Atmen bedeutet das Eintauchen in ein Milieu, das uns mit derselben Intensität durchdringt, wie wir es durchdringen. Die Pflanzen haben die Welt in die Wirklichkeit eines Atems umgeformt, und bei unserem Versuch, in diesem Buch den Begriff der Welt zu beschreiben, werden wir von dieser topologischen Struktur ausgehen, die das Leben dem Kosmos verliehen hat.

3

VON DEN PFLANZEN, ODER VOM LEBEN DES GEISTES

Sie haben keine Hände, um sie an die Welt zu legen, und doch ließen sich nur schwer Akteure finden, die sich bei der Konstruktion von Formen geschickter anstellen als sie. Die Pflanzen sind nicht nur die kunstfertigsten Handwerker unseres Kosmos, sie sind es auch, die dem Leben die Welt der Formen eröffnet haben, die Lebensform, die die Welt zum Ort der endlosen Figurabilität gemacht hat. Über die höheren Pflanzen hat sich das Festland als Raum und kosmisches Experimentierlabor für die Erfindung von Formen und die Gestaltung der Materie durchgesetzt.[1]

Das Fehlen der Hände ist kein Zeichen eines Mangels, sondern vielmehr Folge eines restlosen Eintauchens in eben die Materie, die sie unentwegt gestalten. Die Pflanzen werden eins mit den Formen, die sie erfinden: Alle Formen sind für sie Abwandlungen des Seins und nicht lediglich des Tuns und Handelns. Eine Form zu erschaffen, bedeutet, sie mit seinem ganzen Wesen zu durchschreiten, so wie man Zeitalter oder Phasen seines eigenen Lebens durchschreitet. Der Abstraktion des Schöpfens und der Technik – beides kann Formen gestalten, sofern Schöpfer und Produzent des Umformprozesses ausgeschlossen bleiben – stellt die Pflanze die Unmittelbarkeit der Metamorphose gegenüber: Etwas zu erzeugen, bedeutet immer, sich selbst umzuformen. Den Paradoxien des Bewusstseins, das Formen nur dann zu entwerfen vermag, wenn sie sich vom Selbst und von der Realität, deren Modell sie sind, unterscheiden, stellt die Pflanze die absolute Intimität, die Einheit von Subjekt, Materie und Vorstellung gegenüber: Sich etwas vorzustellen heißt zu werden, was man sich vorstellt.

Dabei geht es nicht ausschließlich um Einheit und Unmittelbarkeit: Die Zeugung von Formen erlangt bei den Pflanzen eine Intensität, die für alle anderen Lebewesen unerreichbar ist. Im Unterschied zu den höheren Tieren, deren Entwicklung endet, sobald das Individuum die Geschlechtsreife erlangt hat, hören die Pflanzen nicht auf, sich zu entwickeln und zu wachsen, vor allem aber Organe und Teile ihres eigenen Körpers neu auszubilden (Blätter, Blüten, Teile des Stamms und so weiter), die sie verloren oder abgestoßen haben. Ihr Körper ist eine morphogenetische Fabrik, die keinen Produktionsstopp kennt. Das Pflanzenleben ist nur die kosmische Retorte der universellen Metamorphose, die Macht, die es jeder Form erlaubt zu entstehen (also sich aus Individuen herauszubilden, die eine andere Form haben), sich zu entwickeln (im Verlauf der Zeit die eigene Form zu modifizieren), sich durch Differenzierung fortzupflanzen (das Existierende mittels Modifikation zu vermehren) und zu sterben (das Andere über das Identische siegen zu lassen). Die Pflanze wandelt das biologische Faktum des Lebendigseins in ein ästhetisches Problem um und macht diese Probleme damit zu einer Frage von Leben und Tod.

Auch deswegen galten die Pflanzen, bevor die kartesianische Moderne den Geist auf seinen anthropomorphen Schatten reduziert hat, jahrhundertelang als paradigmatische Form für die Existenz der Vernunft, eines Geistes, *der sich in der Gestaltung seiner selbst übt.* Maßstab für dieses Einssein war der Samen. Im Samen beweist das Pflanzenleben, wie vollständig es der Vernunft gehorcht: Die Produktion einer bestimmten Realität verläuft nach einem strengen, völlig fehlerlosen Modell.[2] Diese Rationalität ist analog zu derjenigen der Praxis oder der Produktion. Tiefer freilich und radikaler, denn sie betrifft den Kosmos in seiner Gesamtheit und nicht ausschließlich ein lebendes Individuum. Die Rationalität nämlich nutzt die Welt für das Werden eines einzelnen Lebewesens. Anders gesagt, im Samen ist die Rationalität nicht mehr einfach nur eine Funktion des (tierischen oder menschlichen) Psychismus oder Attribut eines Einzelnen, sondern ein kosmisches Faktum. Sie ist die Daseinsweise und die materielle Realität des Kosmos. Um zu existieren, muss die Pflanze sich mit der Welt vermengen, und das kann sie nur in Form des Samens: des Raums, in dem der Akt der Vernunft mit dem Werden der Materie zusammenfällt.

Dieser stoizistische Gedanke wurde dank der Vermittlung durch Plotin und Augustinus in der Renaissance eine der Säulen der Naturphilosophie. »Die universelle Vernunft«, so schreibt Giordano Bruno, »ist ein Identisches, welches das All erfüllt, das Universum erleuchtet und die Natur unterweist, ihre Gattungen, so wie sie sein sollen, hervorzubringen. Sie verhält sich demnach zur Hervorbringung der Dinge in der Natur, wie unsere Vernunft sich zur entsprechenden Hervorbringung der sinnvollen Gestalten verhält. (…) Sie wird von den Magiern der fruchtbarste der Samen oder auch der Sämann genannt; denn sie ist es, welche die Materie mit allen Formen erfüllt, sie nach der durch die letzteren gegebenen Weise und Bedingung gestaltet und mit jener Fülle bewunderungswürdiger Ordnungen durchwebt, die nicht dem Zufall noch sonst einem Prinzip zugeschrieben werden können, welches nicht zu scheiden und zu ordnen verstände. (…) Plotin nennt sie den Vater und Urzeuger, weil sie die Samen auf dem Gefilde der Natur verstreut und der nächste Austeiler der Formen ist. Wir nennen sie den inneren Künstler, weil sie die Materie formt und von innen heraus gestaltet, wie sie aus dem Innern des Samens oder der Wurzel den Stamm hervorlockt und entwickelt, aus dem Innern des Stammes die Äste treibt, aus dem Innern der Äste die Zweige gestaltet, aus dem Innern dieser die Knospen bildet, von innen heraus wie aus einem innern Leben die Blätter, Blüten, Früchte formt, gestaltet und verflicht und von innen wieder zu bestimmten Zeiten die Säfte aus Laub und Früchte in die Zweige, aus den Zweigen in die Äste, aus den Ästen in den Stamm, aus dem Stamm in die Wurzel zurückleitet.«[3]

Es genügt nicht anzuerkennen, wie es die aristotelische Tradition getan hat, dass die Vernunft der Ort der Formen ist *(locus formarum)*, das Lager all der Formen, die die Welt beherbergen kann. Zugleich ist sie nämlich ihre formale Wirkursache. Wenn es eine Vernunft gibt, dann nur die, welche die Erzeugung jeder einzelnen Form definiert, aus denen die Welt sich zusammensetzt. Umgekehrt ist ein Samen exakt das Gegenteil der einfachen virtuellen Existenz einer Form, mit der er häufig verwechselt wird. Das Samenkorn ist der metaphysische Raum, in dem die Form nicht mehr ein reines Aussehen definiert oder den Gegenstand des Anblicks, auch nicht den reinen Zufall einer Substanz, sondern eine Bestimmung: den spezifischen – aber vollständigen und absoluten – Rahmen für die Existenz dieses oder jenes Individuums, *und zugleich* das, womit man seine Existenz und alle Ereignisse, aus denen sie sich zusammensetzt, als *kosmische* und nicht rein subjektive Fakten begreifen kann. Sich etwas vorzustellen, bedeutet nicht, sich ein träges, substanzloses Bild zu machen: Eine Vorstellung beschwört die Kraft, über die man die Welt und einen Teil ihrer Materie in *ein bestimmtes Einzelleben* umwandeln kann. Mit seiner Vorstellung macht der Samen ein Leben notwendig, er lässt seinen Körper in den Lauf der Welt eintreten. Der Samen ist nur der Ort, an dem die Form nicht ein Inhalt der Welt ist, sondern das Sein der Welt, ihre Lebensform. *Die Vernunft ist ein Samen, denn anders als die Moderne so hartnäckig meint,* ist sie nicht der Raum der sterilen Betrachtung, sie ist nicht der Planungsraum für eine Existenz der Formen, sondern die Kraft, die ein Bild als dezidierte Bestimmung dieses oder jenes Individuums oder Gegenstands existieren lässt. Die Vernunft ist das, was es einem Bild ermöglicht, Bestimmung zu sein, absoluter Lebensraum, räumlicher und zeitlicher Rahmen. Die Vernunft ist kosmische Notwendigkeit und nicht individuelle Laune.

4

FÜR EINE PHILOSOPHIE
DER NATUR

Dieses Buch möchte die Frage nach der Welt neu stellen, und zwar ausgehend vom Leben der Pflanzen. Dieses Vorhaben knüpft an eine alte Tradition. Was wir mehr oder weniger willkürlich Philosophie nennen, entstand und verstand sich ursprünglich als das Fragen nach der Natur der Welt, als Abhandlung über die Natur der Dinge *(peri tēs physeōs)* oder über den Kosmos *(peri kosmou)*. Und diese Themenwahl war keineswegs Zufall: Natur und Kosmos zum bevorzugten Gegenstand des Denkens zu machen, bedeutete implizit, dass das Denken überhaupt erst in der Konfrontation mit diesen Gegenständen zur Philosophie wird. Nur im Angesicht der Welt und der Natur kann der Mensch wirklich denken. Und diese gemeinsame Identität von Welt und Natur ist alles andere als banal. Denn *Natur* bezeichnete weder das, was der Aktivität der menschlichen Vernunft vorausging, noch das Gegenteil von Kultur, sondern das, was alles Entstehen und Werden ermöglicht, das Prinzip und die Kraft, die verantwortlich sind für Genese und Transformation jeglichen Gegenstands, jeglicher Entität oder Idee, die je existiert hat und existieren wird. Natur und Kosmos zu identifizieren, bedeutet zuallererst, die Natur nicht zu einem losgelösten Prinzip zu machen, sondern zu dem, was sich in allem, was ist, Ausdruck verschafft. Umgekehrt ist die Welt weder die logische Ansammlung aller Gegenstände noch eine metaphysische Gesamtheit der Wesen, sondern die physische Kraft, die alles durchdringt, was entsteht und sich wandelt. Es gibt keine Trennung zwischen Materie und Immateriellem, zwischen Geschichte und Physik. Näher betrachtet ist die Natur das, was das Sein in der Welt ermöglicht, und umgekehrt ist alles, was ein Ding mit der Welt verbindet, Teil seiner Natur.

Von seltenen Ausnahmen abgesehen, beschäftigt sich die Philosophie seit mehreren Jahrhunderten nicht mehr mit der Natur: Das Recht, sich mit der Welt der Dinge und der nichtmenschlichen Gegenstände zu befassen und sich darüber zu äußern, fällt grundsätzlich und ausschließlich anderen Disziplinen zu. Pflanzen, Tiere, geläufige oder außergewöhnliche atmosphärische Phänomene, die Elemente und ihre Kombinationen, die Sternbilder, Planeten und Sterne wurden endgültig aus dem imaginären Katalog ihrer liebsten Untersuchungsgegenstände gestrichen.[1] Mit dem 19. Jahrhundert fiel die Erfahrung des Einzelnen in ganz großen Teilen einer Zensur zum Opfer: Seit dem deutschen Idealismus war alles, was man als *Geisteswissenschaften* bezeichnet, eine so deprimierende wie verzweifelte Anstrengung, aus dem, was der Erkenntnis zugänglich ist, jeden Naturbezug zu tilgen.

Der »Physiozid«, um den von Iain Hamilton Grant geprägten Begriff zu verwenden,[2] hatte weitaus schlimmere

Folgen als nur die Aufteilung des Wissens auf unterschiedliche Gelehrtenzünfte. Wer sich als Philosoph versteht, kann heute wahrscheinlich ganz selbstverständlich noch die unbedeutendsten Ereignisse aus der Geschichte seines Landes aufzählen, während er von den Tier- und Pflanzenarten, von denen er sich tagtäglich ernährt, weder Namen, Lebensbedingungen noch Geschichte kennt.[3] Doch abgesehen von diesem neu-alten Analphabetismus produziert die Weigerung, der Natur und dem Kosmos irgendeine philosophische Würde zuzuerkennen, einen befremdenden ›Bovarysmus‹: Die Philosophie versucht mit allen Mitteln, human und humanistisch zu sein, sich in die Human- und Sozialwissenschaften einzugliedern, ja eine Wissenschaft – besser noch eine *normale* Wissenschaft – zu sein wie alle anderen. Durch die Vermengung falscher Voraussetzungen, oberflächlicher Absichten und eines abstoßenden Moralismus sind die Philosophen zu radikalen Anhängern des protagoräischen Credos geworden: »Der Mensch ist das Maß aller Dinge.«[4] Da sie ihrer erhabenen Gegenstände beraubt und durch andere Formen des Wissens bedroht ist (aus den Sozial- und Naturwissenschaften gleichermaßen), ist die Philosophie zu einer Art Don Quijote des zeitgenössischen Wissens geworden, der einen eingebildeten Kampf gegen die Projektionen seiner Vernunft kämpft; oder zu einem Narziss, versunken in die Phantome seiner Vergangenheit, die nur mehr leere Erinnerungen in Provinzmuseen sind. Unter dem Zwang, sich nicht mit der Welt zu beschäftigen, sondern mit den mehr oder weniger willkürlichen Bildern, die

die Menschen in der Vergangenheit produziert haben, ist sie allenfalls noch eine Form des häufig moralisierenden und reformistischen Skeptizismus.[5]

Die Folgen sind weitreichend. Gelitten haben unter diesem Bann in erster Linie die sogenannten »Natur«-Wissenschaften. Durch die Reduzierung der Natur auf das, was dem Geist (also dem angeblich *Menschlichen)* vorausgeht und dessen Beschaffenheit in nichts beeinflusst, müssen diese Disziplinen die Natur zwangsläufig zum rein residualen Gegenstand umdefinieren, also zu dem, was bei dieser Konfrontation übrig bleibt und niemals selbst zum Subjekt werden kann. Die Natur wäre damit nur der leere, inkohärente Bereich all dessen, was zwischen dem Urknall und dem Aufkommen des Geistes liegt, die licht- und wortlose Nacht, die alles Schimmern, alle Projektion verhindert.

Diese Sackgasse ergibt sich aus einer hartnäckigen Verdrängung: der Verdrängung des Lebendigen und der Tatsache, dass alle Erkenntnis bereits Ausdruck des Lebendigen ist. Wir können die Welt nie unmittelbar befragen und begreifen, denn die Welt ist der Atem alles Lebendigen. Alle kosmische Erkenntnis geht nur aus vom Standpunkt des Lebens (und ist nicht lediglich Ansichtssache), jede Wahrheit ist nur die Welt, wie das Lebendige sie vermittelt. Die Welt an sich wird man nie erkennen können, ohne dabei auf die Vermittlung von etwas Lebendigem zurückzugreifen. Im Gegenteil: Ihr zu begegnen, sie zu erkennen, sie darzulegen, bedeutet immer, dass man in einer bestimmten Form lebt, ausgehend von einem bestimmten Stil. Um die Welt zu er-

kennen, muss man sich entscheiden, auf welcher Lebensstu-
fe, in welcher Höhe und von welcher Form aus man sie betrachten und erleben will. Wir brauchen einen Vermittler,
einen Blick, der die Welt da sehen und erleben kann, wo wir
nicht hinreichen. Das gilt natürlich auch für die moderne
Physik: Deren Vermittler sind die Maschinen, die die Physik
als prothetische Ersatz-Subjekte verwendet, um sie sogleich
wieder zu kaschieren und abzustreiten, dass sie ihr als Projektionsfläche dienen und die Welt aus nur einer Perspektive betrachten können.[6] Mikroskope, Teleskope, Satelliten,
Beschleuniger sind nur unbelebte materielle Augen, die es
der Physik ermöglichen, die Welt zu beobachten, einen Blick
auf sie zu erhalten. Doch die Maschinen, die die Physik als
Vermittler benutzt, sind altersweitsichtig, sie sind ständig
zu spät und zu weit von den Tiefen des Kosmos entfernt: Sie
übersehen das Leben, das in ihnen wohnt, das kosmische
Auge, das sie selbst verkörpern. Die Philosophie dagegen hat
sich übrigens immer für kurzsichtige Vermittler entschie-
den, die sich ausschließlich auf das unmittelbar angrenzende
Stückchen Welt konzentrieren konnten. Wer den Menschen
fragt, was das In-der-Welt-Sein bedeutet – wie es Heidegger[7]
und die gesamte Philosophie des 20. Jahrhunderts getan haben –, reproduziert damit ein extrem lückenhaftes Bild des
Kosmos. Genauso wenig genügt es (das wissen wir seit Uexküll[8]), den Blick auf die elementarsten Formen des Tierlebens zu richten: Zecke, Haushund, Adler haben bereits unendlich viele andere Weltbeobachter unter sich. Die wahren
Vermittler sind die Pflanzen: Sie sind die ersten Augen, die

sich auf die Welt gelegt und sich geöffnet haben, sie sind der Blick, der sie in all ihren Formen wahrzunehmen vermag. Die Welt ist vor allem das, was die Pflanzen daraus zu machen wussten. Sie sind die eigentlichen *Macher* unserer Welt, wenngleich dieses *Machen* sich von jeder anderen Aktivität des Lebendigen klar unterscheidet. So kommt es, dass dieses Buch sich mit der Frage nach der Natur der Welt, nach ihrer Ausdehnung, ihrer Konsistenz, an die Pflanzen richtet. Der Versuch, eine neue Kosmologie zu begründen – die einzige als legitim zu betrachtende Form der Philosophie –, muss daher mit einer Erkundung der Pflanzenwelt beginnen. Wir werden feststellen, dass die Welt die Konsistenz einer Atmosphäre besitzt und dass die geeigneten Zeugen dafür die Blätter sind. Die Wurzeln werden wir bitten, die wahre Natur der Erde darzulegen. Und schließlich wird uns die Blüte lehren, was Rationalität ist – Rationalität nicht mehr als universelle Fähigkeit oder Macht, sondern als kosmische Kraft.

II

THEORIE DES BLATTS – DIE ATMOSPHÄRE DER WELT

5

BLÄTTER

Fest, reglos, dem Wetter ausgesetzt, bis es darin aufgeht. In der Luft hängend, völlig mühelos, ohne einen einzigen Muskel anspannen zu müssen. Als wäre es ein Vogel, ohne fliegen zu können. Das Blatt ist die erste große Reaktion auf die Eroberung des Festlands. Es ist die Hauptfolge des Landgangs der Pflanzen, Ausdruck ihrer Leidenschaft für das Leben in der Luft.

Alles an der Pflanze trägt zur Existenz des Blatts bei, von der anatomischen Struktur des Stamms bis zu ihrer allgemeinen Physiologie, ihre ganze Geschichte, die Reihung aller evolutionären Entscheidungen im Lauf der Jahrtausende. Alles ist teleologisch eingebettet in dieser grünen, dem Himmel zugewandten Fläche. Die Ankunft im Luftraum hat die Pflanzen zum ständigen Tüfteln an Formen gezwungen, zum Herumbasteln an Strukturen und evolutiven Lösungen. Die Stammstruktur bedeutet vor allem, dass damit eine »Empore« erfunden ist, mit der sich die Erdanziehungskraft überwinden lässt, ohne die Verbindung zum Boden und zur feuchten Erde zu verlieren. Luft und Sonne haben den Bau einer robusten und zugleich durchlässigen Struktur nötig gemacht.

Auf die Blätter gründet sich nicht nur das Leben des Individuums, zu dem sie gehören, sondern auch das Leben des Reichs, dessen typischster Ausdruck sie sind: die ganze Biosphäre. »Die gesamte lebendige Welt, ob Pflanzen oder Tiere, wird gestützt und stabil konditioniert durch die Energie, die die Plastiden der Sonne abringen, um die Verbindungen aufzubauen, die das Glukosemolekül zusammenhalten. Das Leben auf der Erde – das autonome der Vegetation nicht weniger als das parasitäre der Tierwelt – wird also ermöglicht durch die Existenz und die Handlungsfähigkeit der Chloroplasten«[1] in den Blättern. Die Blätter haben den allermeisten Lebewesen ein einziges Milieu aufgezwungen: die Atmosphäre.

Wir identifizieren gewöhnlich die Pflanzen mit den Blumen, ihren prachtvollsten Ausdrucksformen; oder mit den Bäumen und deren Stamm, ihrer solidesten Ausbildung.[2] »Die Blätter sind nicht einfach nur der Hauptteil der Pflanze. Die Blätter sind die Pflanze: Stamm und Wurzel sind Teile des Blatts, Fundament des Blatts, die einfache Verlängerung, über die die Blätter gleichzeitig in der Luft bleiben und sich im Boden halten und mit Nährstoffen versorgen. [...] Die gesamte Pflanze identifiziert sich im Blatt, die anderen Organe sind lediglich seine Fortsätze. Allein das Blatt produziert die Pflanze: Die Blätter bilden die Blüte, die Kelchblätter, Blütenblätter, Staubgefäße, Fruchtknoten; selbst die Früchte formen die Blüten.«[3] Das Geheimnis der Pflanzen zu begreifen heißt, die Blätter zu verstehen – in jeglicher Hinsicht und nicht nur aus der Perspektive von Genetik und

Evolution. Denn in ihnen enthüllt sich das Geheimnis von dem, was man Klima nennt.

Das Klima ist nicht einfach die Gesamtheit der Gase, die die Erdkugel umgeben. Es ist das Wesen des kosmischen Fließens, das grundlegendste Gesicht unserer Welt. Dieses Gesicht offenbart sich als nie endende Mischung aller Dinge, des Gegenwärtigen, des Vergangenen und des Zukünftigen. Das Klima ist Name und metaphysische Struktur der Mischung. Damit es Klima geben kann, müssen alle Elemente innerhalb eines Raums zugleich vermischt und erkennbar sein – geeint sind sie nicht durch Substanz, Form, Nähe, sondern durch eine gemeinsame »Atmosphäre«. Wenn die Welt *eins* ist, dann nicht etwa, weil es nur eine Substanz oder eine universelle Morphologie gäbe. Klimatisch bildet alles, was ist und war, *eine* Welt. Klima ist kosmische Einheit. In jedem Klima ist das Verhältnis von Umfassendem und Umfasstem ständig reversibel: Was Ort ist, wird Umfasstes, was Umfasstes ist, wird Ort. Das Milieu wird Subjekt und das Subjekt Milieu. Jedes Klima setzt diese konstante topologische Umkehrung voraus, dieses Oszillieren, das die Konturen von Subjekt und Milieu auflöst, das die Rollen vertauscht. Die Mischung ist nicht einfach nur ein Zusammenwerfen von Elementen, sondern eben dieser Bezug eines topologischen Austauschs. Er definiert den Zustand des Fließendseins. Ein Fluidum ist nicht ein Raum oder ein Körper, der sich durch fehlenden Widerstand definiert. Kein Zusammenhang auch mit den Aggregatzuständen der Materie: Auch Feststoffe können ein Fluidum sein, ohne dazu in den gasförmigen oder flüssigen Zustand übergehen zu müssen. Fließend ist die Struktur der universellen Zirkulation, der Ort, an dem alles mit allem in Kontakt kommt und sich mischen kann, ohne dabei Form und eigene Substanz zu verlieren.

Das Blatt ist die paradigmatische Form dieser Öffnung: das Leben, das in der Lage ist, sich von der Welt durchqueren zu lassen, ohne von ihr zerstört zu werden. Aber es ist auch das Klimalabor par excellence, die Retorte, die Sauerstoff herstellt und in den Raum freisetzt – das Element, das das Leben ermöglicht. Im Blatt liegen die Gegenwart und die Mischung einer unendlichen Vielfalt von Subjekten, Körpern, Geschichten und weltlichen Existenzen. Die kleinen grünen Blätter, die den Planeten bevölkern und die Sonnenenergie einfangen, sind das kosmische Bindegewebe, das es seit Millionen von Jahren den verschiedensten Lebensformen erlaubt, sich ineinander zu verschlingen und sich zu mischen, ohne jeweils miteinander zu verschmelzen.

Der Ursprung unserer Welt ist kein Ereignis, das zeitlich und räumlich unendlich weit weg ist, gar Millionen Lichtjahre von uns entfernt. Er findet sich genauso wenig in einem Raum, von dem es keine Spur mehr gibt. Er ist hier, jetzt. Der Ursprung der Welt ist periodisch wie die Jahreszeiten, er ist rhythmisch, vergänglich wie alles, was existiert. Da er weder über Substanz noch über Grundfesten verfügt, liegt er genauso wenig im Boden wie im Himmel, sondern auf halbem Weg dazwischen. Unser Ursprung ist nicht in uns – *in interiore homine –,* sondern draußen, an der Luft. Er ist nichts Festes, Uraltes; er ist kein Gestirn von unermesslichen

Ausmaßen, kein Gott, kein Titan. Er ist kein Einzelfall. Der Ursprung unserer Welt sind die Blätter: zerbrechlich, verletzlich und doch in der Lage zurückzukehren, wieder zu leben, nachdem sie den Winter hinter sich gebracht haben.

6

EINTAUCHEN INS LEBEN:
DER TIKTAALIK ROSEAE

2004 entdeckt ein amerikanisches Paläontologenteam in einem Sedimentgestein aus dem Devon auf der Ellesmere-Insel die 380 bis 375 Millionen Jahre alten Überreste einer Knochenfischart aus der Klasse der Sarcopterygii (Fleisch-flosser): ein Tier, das aussieht wie ein Hybrid aus Fisch und Alligator. Dieses Tier mit dem wissenschaftlichen Namen *Tiktaalik roseae*[1] vereint tatsächlich die anatomischen Merk-male eines Fischs mit denen der Landwirbeltiere und kann somit als einer der Beweise für den maritimen Ursprung des tierischen Lebens auf dem Land gelten. Die meisten, ja alle höheren Lebewesen sind das Ergebnis eines Anpassungs-prozesses aus einem flüssigen Milieu heraus.

Seit dem so berühmten wie umstrittenen Miller-Urey-Experiment von 1953[2] hat sich die Vorstellung durchgesetzt, dass das ursprüngliche Milieu aller Lebensformen das Meer ist – oder in der geläufigen Formulierung eine »Ursuppe«.[3] Obwohl der biologische und zoologische Beweis für diese Hypothese weiterhin aussteht, ist es durchaus interessant, sie zum Gegenstand eines metaphysischen Experiments zu machen – ein kurzes Gedankenexperiment, das die bisher lediglich biologische Hypothese auf einen philosophischen Kontext ausweitet. Das Ganze wird vielleicht einer mythischen Erzählung näher kommen als einer wissenschaftlichen Abhandlung zur Kosmologie, doch die physische Welt lässt sich nur sehen und begreifen, wenn man einen solchen gedanklichen Kraftakt vollzieht.

Nehmen wir also diese Hypothese zumindest einen Moment lang ernst, um sie zu *radikalisieren:* Es geht darum, das, was sich als einfache empirische Feststellung über eine wichtige, aber doch zufällige Verbindung zwischen *Leben* und *flüssigem Milieu* darstellt, in eine *notwendige kosmologische* Beziehung umzuwandeln.[4] Nehmen wir also an, das Leben ist aus einem flüssigen physikalischen Milieu hervorgegangen (ganz gleich mit welchem Inhalt, ob Wasser- oder Ammoniakmoleküle), und zwar nicht durch einen einfachen Zufall, sondern weil Leben als Phänomen ausschließlich in flüssigen Milieus möglich ist. Der Übergang der Lebewesen vom Meer auf das Festland wäre dann nicht als radikale Transformation zu interpretieren oder als Revolution in der Natur des Lebens und in seinem Verhältnis zum Milieu, das es beherbergt, sondern als graduelle Veränderung von Dichte und Aggregatzustand desselben flüssigen Milieus (der Materie), das unterschiedliche Formen annehmen kann. Die Beziehung zwischen Lebensformen (im Plural) und flüssigem Milieu zu einer Notwendigkeit zu machen, bedeutet demnach, zwei gewichtige Hypothesen aufzustellen: einerseits über die Realität von Welt und Materie, andererseits über die Realität des Lebendigen.

Zuerst einmal geht es um die Erkenntnis, dass *aus der Perspektive des Lebendigen* und unabhängig von ihrer objektiven Beschaffenheit die Materie, die die bewohnte Welt zusammensetzt, bei aller Unterschiedlichkeit ihrer Elemente und trotz ihrer physischen Diskontinuität ontologisch *unitär und homogen* ist und dass diese Einheit in ihrer *fließenden* Natur besteht. Das Fließendsein ist nicht der Aggregatzustand flüssiger Materie, sondern die Art und Weise, in der die Welt sich im Lebendigen und ihm gegenüber konstituiert. Fließend ist alle Materie, die unabhängig von ihrem festen, flüssigen oder gasförmigen Zustand ihre Formen in ein Bild ihrer selbst fortführt, das entweder die Form einer Wahrnehmung oder die einer physischen Kontinuität annehmen kann. Wenn alles Lebendige ausschließlich innerhalb eines fließenden Mediums existieren kann, dann deshalb, weil das Leben mithilft, die Welt als solche zu konstituieren, immer instabil, immer begriffen in einer Bewegung von Vervielfältigung und Differenzierung ihrer selbst.

Der Fisch ist damit nicht mehr nur eine der Etappen in der Evolution der Lebewesen, *sondern paradigmatisch für alle Lebewesen.* Genauso darf das Meer nicht mehr lediglich als eine für bestimmte Lebewesen spezifische Umwelt betrachtet werden, sondern als Metapher der Welt an sich. Das In-der-Welt-Sein alles Lebendigen wäre demnach aus der Welterfahrung des Fischs heraus zu verstehen. Dieses In-der-Welt-Sein, das also auch unseres ist, ist immer ein Im-Meer-der-Welt-Sein. Es ist eine Form des *Eintauchens.*

Wenn das Leben immer und zwangsläufig ein Eintauchen

ist, dann dürfen die meisten Begriffe und Unterteilungen, die wir bei anatomischen und physiologischen Beschreibungen verwenden, genauso neu geschrieben werden wie die aktive Ausübung der Körperkräfte, die uns zu leben ermöglichen; im Grunde die Phänomenologie der konkreten Existenz aller Lebewesen. Für jedes eingetauchte Wesen entfällt der Gegensatz zwischen Bewegung und Stillstand: Stillstand ist eines der Ergebnisse der Bewegung, und Bewegung ist wie beim gleitenden Adler eine Folge des Stillstands.

Für jedes Wesen, das nicht mehr zwischen Stillstand und Bewegung trennen kann, sind auch Betrachtung und Handlung keine Gegensätze mehr. Betrachtung setzt Stillstand voraus: Nur wer eine fixe, stabile, feste Welt postuliert, die einem *stillstehenden* Subjekt gegenübersteht, kann von einem *Objekt* sprechen und damit von einem Gedanken oder einer Vision. Für ein eingetauchtes Wesen enthält die Welt – die eingetauchte Welt – dagegen nicht eigentlich *wahre Objekte.* In ihr ist alles fließend, alles existiert in der Bewegung, mit, gegen oder im Subjekt. Sie definiert sich als Element oder Fließen, das sich dem Lebendigen, selbst fließend oder Teil eines Fließens, annähert, sich davon entfernt oder es begleitet. Ein Universum, das eigentlich *ohne Ding* ist, ein riesiges Feld voller Ereignisse unterschiedlicher Intensität. Wenn aber das In-der-Welt-Sein ein *Eintauchen* ist, dann sind Denken und Handeln, Wirken und Atmen, Bewegen, Schöpfen, Spüren untrennbar, weil ein eingetauchtes Wesen nicht den gleichen Bezug zur Welt hat wie ein Subjekt zu einem Gegenstand, sondern wie eine Qualle zum Meer, das sie erst sein lässt, was sie ist. Zwischen uns und dem Rest der Welt besteht kein materieller Unterschied.

Die Welt des Eintauchens ist eine unbegrenzte Ausdehnung fließender Materie mit unterschiedlichen Graden von Schnelligkeit und Langsamkeit, aber auch und vor allem von Widerstand oder Durchlässigkeit. Denn in der Bewegung geht es immer darum, die Welt zu durchdringen und von ihr durchdrungen zu werden. Durchlässigkeit ist überhaupt das Kernwort: In dieser Welt ist alles in allem. Das Wasser, aus dem das Meer besteht, ist nicht nur das Gegenüber des Fisch-Subjekts, sondern es ist *in ihm,* es geht durch ihn hindurch, tritt aus ihm aus. Diese gegenseitige Durchdringung von Welt und Subjekt gibt dem Raum eine komplexe Geometrie in ständiger Wandlung.

Die Welt als Eintauchen zu betrachten, wirkt wie ein surreales kosmologisches Modell, und doch machen wir diese Erfahrung häufiger, als man meinen möchte. So erfahren wir die Welt des Fischs zum Beispiel jedes Mal, wenn wir Musik hören. Wenn wir das Universum, das uns umgibt, nicht ausgehend von dem Stück Wirklichkeit konstruieren, zu dem der Sehsinn uns Zugang gibt, sondern die Struktur der Welt von unserer musikalischen Erfahrung ableiten, dann müssten wir die Welt als etwas beschreiben, das nicht aus Objekten besteht, sondern aus Strömungen, die uns durchdringen und die wir durchdringen, aus Wellen unterschiedlicher Intensität und in ständiger Bewegung.

Stellen Sie sich vor, Sie sind aus derselben Substanz gemacht wie die Welt, die Sie umgibt. Sie sind von derselben

Natur wie die Musik, eine Folge von Luftschwingungen, so wie eine Qualle nur eine Verdichtung des Wassers ist. Damit hätten Sie ein sehr präzises Bild von dem, was Eintauchen wirklich ist. Dass es uns so viel Vergnügen bereitet, Musik zu hören in einem Raum, der sich allein über diese Aktivität definiert (zum Beispiel einem Club), liegt daran, dass wir damit die tiefste Struktur der Welt erfahren können, an deren Wahrnehmung uns die Augen manchmal hindern. Leben als Eintauchen ist ein Leben, in dem unsere Augen Ohren sind. Fühlen ist immer ein Berühren unserer selbst und des Universums, das uns umgibt.

Eine Welt, in der Handlung und Betrachtung nicht mehr unterschieden sind, ist auch eine Welt, in der Materie und Wahrnehmung – oder, wenn man so will, Auge und Licht – ein vollkommenes Amalgam bilden. Körper und Sinnesorgane lassen sich nicht mehr trennen. Wir würden nicht mehr mit einem einzigen Körperteil wahrnehmen, sondern mit unserem gesamten Wesen. Wir wären nur noch ein riesiges Sinnesorgan, das mit dem wahrgenommenen Gegenstand verschmilzt. Ein Ohr, das nur der Klang ist, den es hört, ein Auge, das ständig in dem Licht badet, das ihm Leben gibt.

Wenn das Leben unauflöslich mit den fließenden Milieus verbunden ist, dann deshalb, weil das Verhältnis zwischen Lebendigem und Welt sich nie auf eine Opposition (also eine Objektivierung) oder auf eine Inkorporation (die wir bei der Ernährung erfahren) reduzieren lässt. Das ursprünglichste Verhältnis zwischen Lebendigem und Welt ist eine gegenseitige Projektion: eine Bewegung, dank derer das Lebendige an die Welt delegiert, was es mit seinem eigenen Körper erfüllen müsste, und in der umgekehrt die Welt dem Lebendigen die Verwirklichung einer Bewegung anvertraut, die außerhalb von ihr liegen sollte. Was wir als *Technik* bezeichnen, ist eine solche Bewegung. Über sie lebt der Geist außerhalb des Körpers des Lebendigen und macht sich zur Weltseele; umgekehrt findet eine natürliche Bewegung ihren Ursprung und ihre letztgültige Form in einer Vorstellung des Lebendigen. Zu dieser gegenseitigen Projektion kommt es auch deshalb, weil das Lebendige sich mit der Welt identifiziert, in die es eingetaucht ist. Jede Heimat ist ein Ergebnis dieser Bewegung. Wir projizieren uns in den uns nächstliegenden Raum und machen dieses Stück Raum zu etwas Intimem, einem Stück Welt, das ein besonderes Verhältnis zu unserem Körper hat, eine Art weltlicher, materieller Fortsatz unseres Körpers. Das Verhältnis zu unserem Zuhause ist genau das des Eintauchens: Wir sind ihm gegenüber nicht wie vor einem Objekt, wir leben dort wie ein Fisch im Meer, wie die organischen Urmoleküle in ihrer Ursuppe. Wir haben tatsächlich nie aufgehört, Fische zu sein. *Tiktaalik roseae* ist nur eine der Formen, die sich entwickelt haben, um das Universum in ein Meer umzuformen, in das wir eintauchen können.

7

AN DER FRISCHEN LUFT: ONTOLOGIE DER ATMOSPHÄRE

Das Leben hat den fließenden Raum nie hinter sich gelassen. Als es zu Urzeiten das Meer verließ, fand und erschuf es rund um sich ein Fluidum mit unterschiedlichen Merkmalen hinsichtlich der Konsistenz, Zusammensetzung, Beschaffenheit. Mit der Besiedelung des Festlands[1] außerhalb des maritimen Milieus wandelte sich die trockene Welt zu einem unermesslichen fließenden Körper, in dem die große Mehrheit des Lebendigen in wechselseitigem Austausch zwischen Subjekt und Milieu leben kann. Wir sind nicht Erdbewohner; wir bewohnen die Atmosphäre. Das Festland ist nur die Außengrenze dieses kosmischen Fluidums, innerhalb dessen alles kommuniziert, alles sich berührt und alles sich ausdehnt. Und die Eroberung des Festlands war zuallererst die Herstellung dieses Fluidums.[2]

Vor mehreren hundert Millionen Jahren am Übergang vom Kambrium zum Ordovizium verließen Gruppen von Organismen das Meer und prägten die ersten Spuren tierischen Lebens, die wir noch bezeugen können: Höchstwahrscheinlich handelt es sich dabei um homopode Arthropoden,[3] also um Geschöpfe mit Beinen und spitzem Schwanz – dem Telson. Ihr Aufenthalt auf dem Festland ist noch flüchtig und experimentell: Das Milieu Luft betreten sie zur Nahrungssuche oder zur Fortpflanzung.[4] Die Welt, die sich vor ihnen öffnet, wurde von anderen Lebewesen gestaltet. Das Universum, das wir bewohnen, ist das Ergebnis einer Verschmutzungskatastrophe, die wahlweise als Große Sauerstoffkatastrophe oder als Sauerstoffkrise bezeichnet wird.[5] Offenbar spielten geologische und biologische Ursachen zusammen, um das Gesicht des Planeten grundlegend zu verändern. Die Herausbildung der ersten photosynthesefähigen Lebewesen – der Cyanobakterien – und der Wasserstofffluss von der Erdoberfläche bewirkten die Anreicherung von Sauerstoff, der anfangs umgehend durch Oxidation an die Elemente im Meerwasser oder auf der Erdoberfläche (zum Beispiel an Eisen oder Kalzium) gebunden wurde. Mit Entwicklung und Ausbreitung der Gefäßpflanzen stabilisierte sich die Atmosphäre: Es entstand mehr freier Sauerstoff, als durch Oxidation verbraucht wurde, und dieser reicherte sich in Gasform an. Dieser massive Sauerstoffgehalt bewirkte seinerseits das Aussterben zahlreicher anaerober Organismen, die bisher Land und Meer bewohnten und jetzt aeroben Lebensformen wichen.[6]

Die sesshafte und endgültige Ansiedelung der Lebewesen auf dem Festland fiel mit der radikalen Transformation des Luftraums zusammen, der die Erdkruste umhüllt: Was wir seit dem 17. Jahrhundert Atmosphäre nennen, hat seine innere Zusammensetzung verändert.[7] Dank den Pflanzen wird die Erde endgültig zum metaphysischen Raum des Atems. Die Ersten, die die Erde besiedelten und bewohnbar machten, waren Organismen, die zur Photosynthese fähig waren: Die ersten vollständig terrestrischen Lebewesen haben die Atmosphäre am stärksten verwandelt. Umgekehrt ist die Photosynthese ein großes atmosphärisches Labor zur Umwandlung von Sonnenenergie in *lebendige Materie*. In gewisser Hinsicht haben die Pflanzen das Meer nie verlassen: Sie haben es dahin gebracht, wo vorher keines war. Sie haben das Universum zu einem unermesslichen atmosphärischen Meer gemacht und ihre maritimen Gewohnheiten an alle Wesen weitergereicht. Die Photosynthese ist nur der kosmische Prozess des Fließendmachens des Universums, einer der Bewegungen, über die sich das Fluidum der Welt herausbildet: was die Welt atmen lässt und in einem Zustand dynamischer Spannung hält.

So geben uns die Pflanzen zu verstehen, dass das Eintauchen keine rein räumliche Bestimmung ist: Eingetaucht zu sein heißt nicht einfach nur, *in* etwas zu sein, was uns umgibt und uns durchdringt. Das Eintauchen ist, wie wir gesehen haben, zuallererst eine *Aktion* der wechselseitigen Durchdringung von Subjekt und Umwelt, Körper und Raum, Leben und Milieu; eine Unmöglichkeit, beides physisch und räumlich voneinander zu trennen: Damit es zum Eintauchen kommt, müssen Subjekt und Umwelt *einander aktiv durchdringen;* andernfalls würde man lediglich von räumlicher Nähe oder von der Vermengung zweier Körper sprechen, die sich an ihren Extremitäten berühren. Subjekt und

Umwelt wirken gegenseitig aufeinander ein und definieren sich über ihre reziproke Handlung. Diese Simultanität kommt durch die formale Identität von Passivität und Aktivität zum Ausdruck: Das umgebende Milieu zu durchdringen bedeutet, von ihm durchdrungen zu werden. In jedem Raum des Eintauchens verschmelzen formal *Tun* und *Erfahren,* Handeln und Erdulden. Diese Erfahrung machen wir zum Beispiel immer, wenn wir schwimmen.

Vor allem aber ist der Zustand des Eintauchens der metaphysische Ort einer noch radikaleren Identität, nämlich der von Sein und Tun. Wir können nicht in einem fließenden Raum *sein,* ohne allein dadurch bereits die Realität und die Form der uns umgebenden Umwelt zu verändern. Den triftigsten Beweis dafür liefert das Leben der Pflanzen, wenn man bedenkt, wie sie sich *kosmogonisch* auf unsere Welt ausgewirkt haben, also an ihrer Entstehung selbst mitgewirkt haben. Die Existenz der Pflanzen verändert an sich schon das kosmische Milieu, also die Welt, die sie durchdringen und von der sie durchdrungen werden. Allein schon *durch ihre Existenz* verändern die Pflanzen ganz global die Welt, ohne sich dabei auch nur zu bewegen, ohne überhaupt zu handeln. Sein bedeutet für sie *Welt machen,* und umgekehrt ist die Konstruktion (unserer) Welt, das Weltmachen, nur ein Synonym für das Sein. Und nicht nur die Pflanzen versuchen sich in dieser Koinzidenz: Bei den Organismen ist sie noch sehr viel eindeutiger zu sehen. Damit müssen wir diese Erkenntnis verallgemeinern und schlussfolgern, dass *die Existenz jedes Lebewesens notwendigerweise ein kosmo-*

gonischer Akt ist und dass eine Welt immer zugleich ein Möglichkeitszustand ist und ein Produkt des Lebens, das sie birgt. Jeder Organismus ist die Erfindung einer Art und Weise, die Welt zu erzeugen (*a way of worldmaking,* um Nelson Goodmans Formulierung abzuwandeln), und die Welt ist immer Lebensraum, Lebens-Welt.

Aus dieser Perspektive lassen sich die Grenzen der Begriffe Milieu oder Umwelt ermessen, die weiterhin die Beziehung zwischen Lebewesen und Welt ausschließlich mit Blick auf *Vermengung und räumliche Nähe repräsentieren* und sie als ontologisch und formal unabhängig von dem lebendigen Organismus denken, der sie bewohnt. Wenn jedes Lebewesen ein Sein in der Welt ist, dann ist jede Umwelt ein In-den-Lebewesen-Sein. Welt und Lebewesen sind nur ein Abglanz, ein Echo der Beziehung, die sie verbindet.

Nie werden wir materiell von der Welt getrennt sein können: Alles Lebendige formt sich aus derselben Materie, aus der Berge und Wolken bestehen. Das Eintauchen ist ein *materielles* Zusammentreffen, das unter unserer Haut beginnt. Deshalb brauchen auch die Organismen nicht aus sich selbst herauszugehen, um das Gesicht der Welt umzugestalten; sie brauchen nicht zu handeln, zu ihrer »Umwelt« zu gehen, brauchen sie nicht einmal wahrzunehmen: Allein durch ihr bloßes Sein formen sie den Kosmos. In-der-Welt-Sein bedeutet zwangsläufig *Welt machen: Jede Aktivität* der Lebewesen ist ein Akt des *Designs* im lebendigen Leib der Welt. Und umgekehrt braucht man, um die Welt zu konstruieren, nicht einmal einen Gegenstand herzustellen, der von einem selbst unterschieden ist (indem man Materie aus der Haut ausscheidet) noch ein Stück Welt wahrzunehmen, zu erkennen, direkt anzuvisieren und verändern zu *wollen*. Das Eintauchen ist eine Beziehung, die tiefer geht als Handlung und Bewusstsein – sie geht hinaus über die Praxis wie über den Gedanken. Ein stilles, stummes, *ontologisches* Design. Es ist eine »Plasmabilität«, eine Formbarkeit, nichts anderes als ein nicht vorhandener Widerstand gegen die Welt, die *Leichtigkeit*, mit der die kosmische Materie die Metamorphose in ein lebendes Subjekt vollzieht, mit der sie *gegenwärtiger Körper* von ein paar Organismen wird (selbst jenseits des Umschließungsakts der Ernährung). Darin führen uns die Pflanzen die radikalste Form des In-der-Welt-Seins vor. Sie überlassen sich ihr ganz und gar, doch ohne passiv zu sein. Im Gegenteil, sie üben auf die Welt, die *wir alle* durch unseren bloßen Akt des Seins leben, den stärksten und folgenreichsten Einfluss aus, und das auf globaler und nicht nur auf lokaler Ebene: Sie verändern die Welt, nicht bloß ihr Milieu oder ihre ökologische Nische. Die Pflanzen zu denken bedeutet, ein In-der-Welt-Sein zu denken, das *unmittelbar kosmogonisch* ist. Die Photosynthese – eines der bedeutendsten kosmogonischen Phänomene, das mit dem Sein der Pflanzen selbst verschmilzt – ist weder gleichzusetzen mit der Betrachtung noch mit der Handlung (wie etwa dem Dammbau eines Bibers). So zwingen die Pflanzen die Biologie, die Ökologie, aber auch die Philosophie, die Beziehungen zwischen Welt und Lebendigem ganz von vorn zu durchdenken.

Die Beziehung der Pflanzen zur Welt lässt sich nämlich unmöglich über das zutiefst idealistische Modell des deutschen Naturkundlers Jakob von Uexküll interpretieren. In der Nachfolge Kants und unter der Prämisse, dass jedem Lebewesen sein Status als über seine Organe souveränes Subjekt zuerkannt werden muss,[8] entwirft Uexküll die Welt als »eine Röhre, die (…) allseitig von Merkmalen gebildet [wird], die man sich entlang und um den Lebensweg des Tieres aufgebaut denken kann«:[9] »Wir haben im Sinne Kants feststellen können, daß es einen absoluten Raum, auf den unser Subjekt keinen Einfluß ausübt, nicht gibt. Denn sowohl die spezifische Materie des Raumes, nämlich Lokalzeichen und Richtungszeichen, wie auch die Form dieser Materie, sind subjektive Erzeugnisse. Ohne die räumlichen Qualitäten und ihre durch die Apperzeption herbeigeführte Zusammenfassung zu ihrer allgemeinen Form gäbe es überhaupt keinen Raum, sondern nur eine Anzahl von Sinnesqualitäten, wie Farben, Töne, Gerüche usw., die zwar ihre spezifischen Formen und Gesetze besäßen, denen aber der gemeinsame Tummelplatz, in den sie alle hinausverlegt werden, mangelte.«[10] Denn »jedes Subjekt spinnt seine Beziehungen wie die Fäden einer Spinne zu bestimmten Eigenschaften der Dinge und verwebt sie zu einem festen Netz, das sein Dasein trägt«.[11] Das Milieu oder die »Umwelt« ist demnach ein durchaus psychoidales Erzeugnis und kann nicht aus physikalischen oder physiologischen Faktoren abgeleitet werden. Jede Umwelt wird getragen von einem räumlichen und zeitlichen Rahmen, der aus den Merkmalen der Ordnungszeichen: Lokalzeichen – Richtungszeichen – Momentzeichen gebildet wird.«[12] Unzureichend ist dieses Modell aus mindestens zwei Gründen. Zunächst einmal begreift es die Beziehung zur Welt in Form von Kognition und Aktion: Die Welt ist demnach nur über diese beiden Kanäle zugänglich, als wäre das »übrige Leben« eines Individuums in ihm selbst verschlossen und nicht seinerseits in die Welt geworfen, ihr ausgesetzt, gezwungen, sich von ihr zu nähren, sich aus ihren Elementen zu konstruieren. Zweitens (eigentlich ist das eine Folge aus dieser ersten Einschränkung) geht Uexkülls Modell davon aus, dass der Zugang zur Welt *organischer* Natur ist, dass er also in einem Organ und durch das Organ stattfindet (egal, ob es sich um ein kognitives oder ein praktisch tätiges Organ handelt). Es ist nicht nur, dass die Pflanzen nicht handeln und nicht wahrnehmen – zumindest nicht *organisch,* also über Körperteile, die *spezifisch* diesem Ziel gewidmet sind –, sondern zugleich setzen sie sich der Welt nicht über ein spezifisches Organ aus. Nein, die Pflanzen öffnen sich der Welt und begründen sich in ihr mit der Gesamtheit ihres Körpers und ihres Seins, ohne Unterscheidung von Form oder Funktion.

Genauso wenig lässt sich die Beziehung der Pflanzen zur Welt über die Theorie der Nischenkonstruktion begreifen. Dieser Theorie zufolge, am detailliertesten ausformuliert von John Odling-Smee, Kevin N. Laland und Marcus W. Feldman,[13] beschränken sich die Organismen nicht darauf, dem Umweltdruck nachzugeben, sondern sind in der Lage, ihre eigene Nische oder die der anderen durch ihren

Stoffwechsel und ihre Aktivität selbst zu verändern.[14] Der Gedanke von der Einwirkung der Lebewesen auf die Umwelt geht zurück auf das letzte zu seinen Lebzeiten publizierte Buch von Charles Darwin,[15] in dem er im Gegensatz zu seinen Thesen über die natürliche Selektion nachweist, dass »die Regenwürmer in der Geschichte der Erde eine bedeutungsvollere Rolle gespielt [haben], als die meisten auf den ersten Blick annehmen dürften. (…) ein Gewicht von mehr als 10 Tonnen (10 516 Kilogramm) trockener Erde«, so Darwin, geht »jährlich durch ihren Körper und wird auf die Oberfläche geschafft«:[16] Ihre Aktion ist damit entscheidend für das Zersetzen der Gesteine, die Abtragung des Landes, die Erhaltung antiker Baureste[17] und die Vorbereitung des Bodens für das Wachstum der Pflanzen.[18] Obwohl sie »nur kümmerlich mit Sinnesorganen versehen sind« und »daher nur wenig von der sie umgebenden Welt erfahren«, erweisen sie sich als geschickte Röhrenbauer, die »augenscheinlich einen gewissen Grad von Intelligenz darbieten, anstatt einem bloßen blinden, instinktiven Antrieb zu folgen.«[19] Die Veränderungen, die »diese niedrig organisierten Geschöpfe« an den oberen Schichten des Globus anbringen, beschränken sich nicht darauf, das Leben der anderen Lebewesen (Menschen und Pflanzen) zu beeinflussen, sondern auch den Zustand ihres eigenen Lebensraums, der zugunsten künftiger Generationen verändert wird. Die Theorie der Nischenkonstruktion greift Darwins Feststellungen auf und unterstreicht, inwieweit noch die elementarsten Lebewesen nicht einfach nur passiv der natürlichen Selektion unterliegen und

dass die Anpassung an ihr Milieu nicht ihr einziger Daseins-
zweck ist:[20] Außerdem sind sie in der Lage, den Raum, der
sie umgibt, zu verändern und die neue Welt an die nach-
folgenden Generationen weiterzugeben. In diesem Sinn,
indem sie also andauernde, von Generation an Generation
tradierbare Veränderungen hervorbringen, schaffen die Lebewesen *Kultur*,[21] die damit kein Vorrecht des Menschen ist,
sondern eher eine Art nicht anatomisches, sondern ökologi-
sches Erbe,[22] ein exosomatisches Erbe.[23] Nun konnte man
zwar über die Theorie der Nischenkonstruktion die Dua-
lismen überwinden, die der klassischen Evolutionstheorie
zu eigen sind, doch die Intimität des Eintauchens lässt sich
auch über sie nicht denken. Der Begriff der Nische bewirkt
nämlich eine doppelte Trennung: Er wurde entwickelt, um
die Realität des Konkurrenzausschlussprinzips nach Gause[24]
zum Ausdruck zu bringen, also die Tendenz zweier Popula-
tionen, die denselben Lebensraum besetzen, sich gegenseitig
zu eliminieren, um die vorhandenen Ressourcen vollständig
selbst nutzen zu können; damit bezeichnet man also den Bezug zwischen Welt und Lebewesen als etwas Ausschließen-
des: Die Welt ist zumindest tendenziell Raum für eine *einzige* Art, Habitat einer spezifischen Lebensform (wie es auch
bei Uexküll der Fall war). In der Welt zu sein heißt jedoch,
dass es gar nicht möglich ist, den Lebensraum *nicht* mit anderen Lebensformen zu teilen, dem Leben der anderen *nicht*
ausgesetzt zu sein. Wie wir bereits gesehen haben, ist die
Welt per Definition das Leben der anderen: die Gesamtheit
der anderen Lebenden. Das Rätsel, das wir lösen müssen, ist

also das der Inklusion aller in ein und derselben Welt und nicht die Exklusion anderer Lebewesen – die ist immer instabil, illusorisch und vergänglich. Zudem begrenzt man mit dem Nischenkonzept den Einfluss- und Existenzbereich auf den direkt angrenzenden Raum oder auf die Gesamtheit der Faktoren oder Ressourcen, die *unmittelbar* mit dem lebenden Subjekt in Beziehung stehen. Anzuerkennen, dass die Welt ein Raum des Eintauchens ist, heißt dagegen, dass es keine stabilen, keine wirklichen Grenzen gibt: Die *Welt* ist der Raum, der sich nie auf ein Haus reduzieren lässt, auf ein Eigentum, ein Zuhause, das Unmittelbare. In-der-Welt-Sein heißt also, Einfluss vor allem außerhalb seines Zuhauses auszuüben, außerhalb des eigenen Habitats, außerhalb der eigenen Nische. Wir bewohnen immer die gesamte Welt, die ihrerseits immer von den anderen heimgesucht wird und werden wird.

Und schließlich lässt sich der Einfluss[25] alles Lebendigen auf sein Milieu nicht einfach nur an den Auswirkungen messen, die seine Existenz auf die Außenwelt ausübt: Schon die Existenz an sich ist – insofern sie nur eine neue Erscheinungsform der anonymen Materie der Welt ist – der Haupteinfluss des Lebendigen auf das Milieu. Das Milieu beginnt nicht jenseits der Haut eines Lebewesens, denn die Welt ist schon in ihm. In diesem Sinn lässt sich die Auswirkung des Lebendigen auf die Welt nicht als eine Form von Ökosystem-Engineering verstehen.[26]

»Die Pflanzen«, so schrieb Charles Bonnet, »sind in die Luft gepflanzt, ganz ähnlich wie in die Erde«:[27] Ihr erstes Milieu, ihre Welt ist, mehr als der Boden, die Atmosphäre. Damit ist die Photosynthese der radikalste Ausdruck ihres In-der-Welt-Seins. Bevor die Photosynthese als Hauptmechanismus der Produktion von Lebensenergie anerkannt wurde, galt sie als natürliche Klimaanlage. »Ich darf mir schmeicheln«, schrieb Joseph Priestley 1772, »per Zufall eine Methode erfunden zu haben, über die sich die durch das Abbrennen einer Kerze verschmutzte Luft wiederherstellen lässt, und entdeckt zu haben, dass zumindest eine der Regenerationsvorrichtungen, die die Natur zu diesem Ziele einsetzt, die Vegetation ist.«[28]

Der unitarische Theologe Priestley, berühmt für seine Forschungen zur Elektrizität, hatte einen Minzezweig unter eine Glasglocke gestellt, die mit der Luft aus der Verbrennung einer Kerze gefüllt war. Er stellte fest, dass 27 Tage später eine weitere Kerze vollständig in diesem Behälter abbrennen konnte.[29] Priestley zufolge erklärt sich das dadurch, dass die Pflanzen sich mit den Gasen vollsaugen, die durch Atmung und tierische Verwesung gebildet werden (in damaliger Sprache: mit phlogistischer Materie). Die Pflanzen absorbieren diese Gase und bringen sie in ihre eigene Substanz ein.[30] Diese Entdeckung führte Priestley zur Formulierung des Komplementaritätsprinzips zwischen Pflanzen- und Tierwelt: »Statt die Luft in derselben Weise zu verschlechtern wie die tierische Atmung, kehren die Pflanzen die Auswirkungen des Atems um und erhalten die Atmosphäre eher lind und heilsam, wenn sie zur Vergiftung neigt aufgrund des Lebens, der Atmung oder des Todes und der Verwesung der Tiere, die darin leben.«[31] Das In-der-Welt-Sein der Pflanzen liegt in ihrer Fähigkeit, die Atmosphäre (neu) zu erschaffen. In gewisser Hinsicht wird hier das Lebendige selbst – ganz unabhängig von Ordnung und Reich, dem es angehört – betrachtet je nach Art der Atmosphäre, die es herstellt, als bedeute In-der-Welt-Sein vor allem »Atmosphäre machen« und nicht umgekehrt.

Einige Jahre später entdeckte der niederländische Arzt Jan Ingenhousz im Anschluss an Priestleys Gedanken, dass die Fähigkeit der Pflanzen, »die verdorbene Luft wieder herzustellen, und gemeine Luft zu verbessern«,[32] ausschließlich den Blättern zuzuschreiben war. So erklärt er, dass »eine der großen Werkstätten, deren sich die Natur zur Reinigung der Atmosphäre bedient, in der Substanz der Blätter zu suchen ist und durch den Einfluß des Lichts in Gang gebracht wird; die solchergestalt gereinigte, zu gleicher Zeit aber für die Pflanzen unnützlich oder gar schädlich gewordene Luft wird größtentheils durch die Aussonderungswege fortgeschafft, die in den allermeisten Pflanzen hauptsächlich auf der unteren Seite der Blätter angebracht sind.«[33]

Die eigentliche Photosynthese (und nicht nur ihre Auswirkungen) entdeckte Ingenhousz, als ihm klar wurde, dass diese Reinigungsarbeit nach Art eines air conditioning ganz eng mit dem Vorhandensein von Sonnenlicht zusammenhing. So bemerkte er, dass »die Pflanzen nur am hellen Tage, oder im Sonnenschein dephlogistisirte Luft geben, und diese Verrichtung erst alsdann anfangen, wenn sie durch den Einfluß des Sonnenlichts einigermaßen dazu vorbereitet worden sind«.[34] Taucht man die Pflanzen in ein mit Wasser gefülltes Gefäß, macht Ingenhousz folgende Beobachtung: Die »Luft, welche in den Blättern durch den Einfluß des Sonnenlichts ausgearbeitet worden ist, erscheint sehr bald auf der Oberfläche der Blätter in verschiedenen Gestalten; meistentheils als runde Blasen, die nach und nach an Größe zunehmen, sich von den Blättern losreißen, und zu dem umgekehrten Boden des Recipienten aufsteigen; ihnen folgen bald neue Blasen, bis endlich die Blätter, weil ihnen die Gelegenheit mangelt, sich aufs neue mit atmosphärischer Luft zu versehen, ganz erschöpft sind.«[35] Dass sie sich unter Wasser befinden, gehe keineswegs gegen die Natur: »Vielleicht wird man gegen mich einwenden, daß die Blätter der Gewächse sich niemals in einem natürlichen Zustande befinden, wenn sie mit Brunnenwasser umgeben sind, und daß daher einiger Zweifel übrig bleiben kann, ob die nämliche Verrichtung der Blätter auch in ihrem natürlichen Zustande vor sich gehe. Ich kann nicht glauben, daß Pflanzen, die man unterm Wasser auf die beschriebene Art aufbehält, sich in einem ihrer Natur so widrigen Zustande befinden sollten, daß dadurch ihre gewöhnlichen Verrichtungen in Unordnung gebracht würden. Das Wasser ist den Pflanzen, selbst in überflüssiger Menge, nicht schädlich, wofern es nur nicht allzulange sie berührt. Es scheidet hier blos die Gemeinschaft mit der äußern Luft ab«.[36]

Die Versuche und Entdeckungen von Priestley und In-

genhousz (sowie in der Folge von Jean Senebier,[37] Nicolas-
Théodore de Saussure,[38] Julius Robert Mayer[39] und Robin
Hill,[40] um nur die größten Forscher zu nennen, die schrittweise den tatsächlichen Prozess der Photosynthese aufdeck-
ten) waren nicht nur deshalb so bedeutend, weil sie einen
riesigen Fortschritt im Verständnis der Pflanzenphysiologie
ermöglichten, sondern weil sie einen radikal anderen Blick
auf die Atmosphäre durchsetzten. Die Luft, die wir atmen,
ist nicht eine rein geologische oder mineralische Realität –
sie ist nicht einfach nur da, sie ist keine Auswirkung der
Erde an sich –, sondern sie ist tatsächlich der Atem anderer
Lebewesen. Sie ist ein Nebenprodukt aus dem »Leben der
Anderen«. Im Atem – dem ersten, dem banalsten und un-
bewusstesten Akt des Lebens für Unmengen von Organismen – sind wir abhängig vom Leben der Anderen. Vor allem aber sind das Leben der Anderen und seine Äußerungen
Wirklichkeit, Körper und Materie dessen, was wir Welt oder
Milieu nennen. Der Atem ist sogar eine erste Form des Kannibalismus: Wir ernähren uns tagtäglich von den gasförmigen Ausscheidungen der Pflanzen, wir können nur vom
Leben der Anderen leben. Umgekehrt ist jedes Lebewesen
zuerst das, was das Leben der Anderen möglich macht, was
transitives Leben produziert, das überallhin zirkulieren und
von anderen geatmet werden kann. Das Lebendige begnügt
sich nicht damit, dem mageren Stück Materie Leben zu geben, das wir seinen Körper nennen, sondern auch und vor
allem dem Raum, der es umgibt. Das ist das Eintauchen, die
Tatsache, dass das Leben immer Umwelt für sich selbst ist

und daher von Körper zu Körper zirkuliert, von Subjekt zu Subjekt, von Ort zu Ort.

Andererseits zeigt die Photosynthese, dass global betrachtet die Grundbeziehung zwischen Leben und Welt sehr viel komplexer ist, als wir sie uns aufgrund des Begriffs der Anpassung vorstellen. »Anpassung ist ein fragwürdiger Begriff, denn in der wirklichen Welt wird die Umwelt, an die die Organismen sich anpassen, mehr durch die Aktivität der Nachbarn bestimmt als bloß durch die blinden Kräfte von Chemie und Physik. (…) Die Luft, die wir atmen, die Ozeane und das Gestein sind alle entweder direkte Produkte lebender Organismen oder wurden durch ihre Gegenwart erheblich verändert.«[41] Statt dem Wettbewerb und der wechselseitigen Exklusion Raum zu geben, öffnet sich die Welt in ihnen als metaphysischer Raum der radikalsten Form der Mischung, die die Koexistenz des Unvereinbaren ermöglicht, ein alchemistisches Labor, in dem alles sich vollständig verwandeln, vom Organischen zum Anorganischen werden kann. Das Eintauchen ermöglicht Symbiose und Symbiogenese: Nur deshalb können Organismen dank des Lebens der Anderen ihre Identität definieren, weil jedes Lebewesen von vornherein schon im Leben der Anderen lebt.[42]

Die Pflanzen sind die Ursuppe der Erde, und sie ermöglicht es, dass die Materie Leben werden und das Leben sich zur »rohen Materie« zurückverwandeln kann. Diese radikale Mischung, die alles an ein und demselben Ort koexistieren lässt, ohne Formen und Substanzen zu opfern, nennen wir Atmosphäre.

Mehr als ein Teil der Welt ist die Atmosphäre ein metaphysischer Ort, an dem alles vom Rest abhängt, die Quintessenz der Welt, verstanden als Raum, in dem das Leben eines jeden mit dem Leben der Anderen vermengt ist. Der Raum, in dem wir leben, ist nicht einfach ein Behältnis, an das wir uns anpassen müssen. Seine Form und seine Existenz sind untrennbar von den Lebensformen, die er birgt und möglich macht. Die Luft, die wir atmen, die Natur des Bodens, die Linien der Erdoberfläche, die Formen, die sich im Himmel abzeichnen,[43] die Farbe alles dessen, was uns umgibt, sind unmittelbare Auswirkungen des Lebens, und zwar im gleichen Sinn und genauso intensiv, wie sie seine Prinzipien sind. Die Welt ist keine autonome, vom Leben unabhängige Einheit, sie ist die fließende Natur jedes Milieus: Klima, Atmosphäre.

Sie umgibt uns und durchdringt uns, aber wir sind uns ihrer kaum bewusst. Sie ist kein Raum, sondern ein subtiler Körper, durchsichtig, kaum tast- oder sichtbar. Aber dieses Fluidum, das alles umhüllt, alles durchdringt und von allem durchdrungen wird, gibt uns die Farben, Formen, Gerüche, Geschmäcker der Welt. In diesem selben Fluidum können wir den Dingen begegnen und uns berühren lassen von allem, was existiert und nicht existiert. Eben dieses Fluidum lässt denken, dieses Fluidum lässt uns leben und lieben. Die Atmosphäre ist unsere erste Welt, das Milieu, in dem wir vollständig eintauchen: die Sphäre des Atems. Sie ist das absolute Medium, das, worin und wodurch die Welt sich gibt; das, worin und wodurch wir uns der Welt geben. Mehr als das absolut Umfassende ist sie das Vermengen von allem, Materie, Raum und Kraft der endlosen, universellen gegenseitigen Durchdringung der Dinge. Die Atmosphäre ist nicht nur der Teil der Welt, der von den anderen unterschieden und getrennt ist, sondern das Prinzip, durch das die Welt bewohnbar wird, sich unserem Atem öffnet, selbst zum Atem der Dinge wird. Man ist immer atmosphärisch auf der Welt, denn die Welt existiert als Atmosphäre.

Das Wort Atmosphäre ist ein moderner Begriff. Ein Neologismus, erfunden im 17. Jahrhundert als klassisches Gewand für das niederländische Wort *dampcloot,* das wiederum eine Übersetzung des lateinischen *vaporum sphaera* ist; dieser Begriff bezeichnete bei Galileo die *regione vaporosa,* die Dunstregion.[44] Doch bevor die Atmosphäre zu der Luftschicht wurde, die unmittelbar über der Erdkruste liegt, warm durch die Reflexion des Sonnenlichts und feucht wegen der Dämpfe, die die Erde ausscheidet, war sie jahrhundertelang auch der Raum für die Zirkulation der Elemente und Formen, der metaphysische Raum ihrer Verbindung, die Einheit aller Dinge, gemessen am Zusammenfall des Atems und nicht von Substanz und Form.

Als erste dachten die Stoiker die Einheit der Welt in atmosphärischen Begriffen. In ihren Überlegungen zu den unterschiedlichen Formen, die die Einheit annehmen kann, und zu der Form der Einheit, die der Welt in ihrer Gesamtheit eigen ist, entwickelte der Stoizismus seinen Begriff der totalen Mischung. So lassen sich, wenn verschiedene Substanzen oder Gegenstände miteinander interagieren, drei Formen der Vereinigung vorstellen: die einfache räumliche Nähe oder Vermengung *(parathesis)*, bei der die unterschiedlichen Dinge eine einzige Masse bilden, dabei aber die Grenzen ihrer Körper beibehalten und nichts miteinander teilen, wie etwa ein Haufen Getreidekörner; die Verschmelzung *(sygchysis)*, bei der die Eigenschaften jeder Komponente aufgehoben werden, um einen neuen Gegenstand herzustellen, der eine andere Natur und andere Eigenschaften besitzt als die ursprünglichen Elemente, wie etwa bei einem Parfüm; und schließlich die totale Mischung *(krasis, di' holōn antiparektasis)*, bei der die Körper den Platz des jeweils anderen einnehmen, dabei aber ihre Eigenschaften und ihre Individualität beibehalten.[45] Was wir Welt nennen, lässt sich weder als einfache Anhäufung von Gegenständen denken, die keine andere Beziehung zueinander haben als eine Berührung an ihrer Oberfläche, noch als vollständige Verschmelzung der Körper, die ein Superobjekt[46] entstehen lässt, das sich in Wesen und Eigenschaften von den ursprünglichen Komponenten unterscheidet. »Bei den in der Substanz gemischten Körpern«, so fasst Alexander von Aphrodisias die Lehre des Chrysipp zusammen, »erfolgen (a) die Mischungen einerseits durch ›Vermengung‹ *(paráthesis,* das Danebenlegen) zweier oder mehrerer Substanzen, die zu einer Einheit zusammengefügt und im Sinne einer Verklammerung, wie er sagt, zueinander gelegt werden, wobei in einer solchen ›Vermengung‹ jede einzelne Substanz in Bezug auf ihre äußere Form ihre eigene Substanz und ihre Eigenschaft bewahrt, wie es sozusagen bei Bohnen und Getreidekörnern der Fall ist, wenn sie nebeneinander liegen; andererseits erfolgen (b) einige Mischungen durch ein Zusammengießen, wobei die Substanzen mit ihrer Besonderheit und ihren Eigenschaften in der Vermischung vollständig verschwinden, wie es seiner Meinung nach bei den Heilmitteln der Fall ist, wenn die miteinander vermischten Substanzen als solche verschwinden und aus ihnen ein neuer Körper mit anderen Eigenschaften entsteht; ferner gibt es (c) bestimmte Mischungen, sagt er, bei denen bestimmte Substanzen und ihre Eigenschaften sich gegeneinander ausdehnen und vollständig ineinander verfließen, was allerdings mit der Bewahrung der ursprünglichen Substanzen und Eigenschaften in einer derartigen Mischung verbunden ist, von der Chrysipp sagt, sie sei im wahrsten Sinne des Wortes eine Mischung.«[47]

Die Atmosphäre als Raum der Mischung zu denken heißt, über die Vorstellung von Vermengung und Zusammengießen hinauszugehen. Zwischen den Elementen derselben Welt existiert eine Nähe, eine Intimität, die sehr viel tiefer geht als bei einer einfachen physischen Kontiguität; zudem ist diese Bindung weder ein Amalgam noch eine Reduktion in der Vielfalt der Substanzen, Farben, Formen oder Arten zu einer monolithischen Einheit. Eine Welt bilden die Dinge, weil sie sich mischen, ohne dabei ihre Identität zu verlieren.

Die Einheit der Mischung hat wiederum nichts Mechanisches: »Die gesamte Substanz [ist] eine Einheit, wobei sie als Ganze von einem Lebensstrom *(pneûma)* durchströmt

wird, durch den das Ganze zusammengehalten wird, zu-
sammenbleibt und die Wechselwirkung *(tò sympathés)* aller
seiner Teile aufrechterhält.« Sich zu mischen, ohne zu verschmelzen, bedeutet, denselben Atem zu teilen. Denken wir
an die Einheit eines lebenden Körpers: Die Organe liegen
nicht einfach nebeneinander und verschmelzen auch nicht
materiell miteinander. *Einen Körper* bilden sie, weil sie denselben *Atem* teilen. Genauso ist es beim Kosmos: In der Welt
zu sein bedeutet immer, nicht eine Identität zu teilen, aber
ein und denselben *Atem (pneuma)*. »Das Seiende ist ein Lebenshauch, der sich auf sich selbst zu und aus sich selbst heraus bewegt«:[48] Darin besteht die Dynamik der Welt, ihr im-
manenter Rhythmus. Der Atem ist die Kunst der Mischung,
das, was es jedem Gegenstand erlaubt, sich mit den übrigen
Dingen zu vermischen, darin einzutauchen. Die *Atmosphäre,*
die Sphäre des Atems, sein äußerster Rahmen ist diese Form
der Intimität, der Einheit, die sich nicht über die Homogenität der Substanz oder der Form definiert, sondern über die
Teilhabe am selben Atem, ein *air de famille,* eine Zusammen-
gehörigkeit in Bezug auf eine Ansammlung von Elementen,
die nicht einfach nur die Kombination einzelner Gegenstände ist. Die Atmosphäre, das Klima ist diese Einheit, die keine
Reduktion auf eine Einheit von Eigenschaften und Formen
braucht.

Was Einheit erteilt, erteilt auch Form, Sichtbarkeit, Konsistenz. An diesem selben *air de famille* können wir die wirk-
liche Identität einer Zusammenstellung erkennen, und die
Atmosphäre macht uns einen Raum in seiner Gesamtheit

sichtbar, jenseits der Gegenstände, die ihn füllen. Der Atem ist nicht nur Luft in Bewegung: Er ist Lichtblitz, Enthüllung, ein Mittel der Offenbarung. Die Welt wird von einem gemeinsamen, universellen Atem geeint, denn der Atem ist die originäre Essenz dessen, was die Griechen *logos* nannten, Wort oder Vernunft. Dieser *logos* also bewirkt die universelle Mischung, durch ihn kann sich in der Ausdehnung alles mit allem anderen mischen, ohne dabei seine eigene Identität zu verlieren. Der Atem verleiht der Welt eine Einheit, denn er ist auch die tiefste Wurzel ihrer Sichtbarkeit und ihrer Rationalität: Der Atem ist der wahre *logos* der Welt, ihre Sprache, ihr Sprechen, das Organ ihrer Offenbarung.

Die Welt ist Materie, Form, Raum und Realität des Atems. Die Pflanzen sind der *Atem aller Lebewesen, die Welt als Atem.* Umgekehrt ist jeder Atem Beweis dafür, dass das In-der-Welt-Sein eine Erfahrung des Eintauchens ist. Atmen heißt, in ein Milieu getaucht zu sein, das uns genauso und ebenso intensiv durchdringt, wie wir es durchdringen. Jedes Wesen ist ein Weltwesen, wenn es eingetaucht ist in das, was in ihm eintaucht. Damit ist die Pflanze das Paradigma des Eintauchens.

8

DER ATEM
DER WELT

Er liegt all unseren Erfahrungen zugrunde. Er ist keine Substanz, birgt nicht die Natur der Dinge. Und auch kein spätes Echo ist er, kein Nachtrag auf eine abgeschlossene Erfahrung. Er ist eine rhythmische Bewegung, regelmäßig und unermüdlich, eine lautlose Welle bis an den Rand des Horizonts, die zu uns zurückkehrt, um sich an unseren Körpern zu brechen und in unseren Lungen zu bersten.

Ohne ihn wäre nichts möglich in unserem Leben. Alles, was uns zustößt, muss sich mit ihm vermengen, in seiner Umhegung verorten. Der Atem ist die erste Handlung jedes höheren Lebewesens, die einzige, die von sich behaupten kann, mit dem Sein zu verschmelzen. Er ist die einzige Arbeit, die uns nicht ermüdet, die einzige Bewegung, die nichts zum Ziel hat als sich selbst. Unser Leben beginnt mit einem (ersten) Atemzug und wird mit einem (letzten) Atemzug enden. Leben heißt: atmen und im eigenen Atem die gesamte Materie der Welt umfassen.

Er ist nicht nur die elementarste Bewegung des ganzen menschlichen Körpers, er ist auch der erste und einfachste Akt des Lebendigen, sein Paradigma, seine transzendentale

Form. Der Atem ist schlicht und ergreifend der erste Name des In-der-Welt-Seins. Verstehen ist Atem: Idee, Begriff und was wir seit der Scholastik *species intentionalis* nennen, sind alles nur Bruchstücke der Welt im Geist, bevor Sprache, Zeichnung oder Handlung diese Intensitäten dem Kosmos wiedergeben. Sehen ist Atem: das Licht aufnehmen, die Farben der Welt, die Kraft haben, um sich von ihrer Schönheit durchdringen zu lassen, um einen und nur einen Teil herauszugreifen, um eine Form zu schaffen, um ein Leben zu entwerfen ausgehend von dem, was wir dem Kontinuum der Welt entrissen haben.

Alles im Lebendigen ist nur eine Artikulation des Atems: Wahrnehmung und Verdauung, Gedanke und Sinnlichkeit, Wort und Fortbewegung. Alles ist Wiederholung, Intensivierung, Abwandlung dessen, was im Atem geschieht. Genau deshalb haben die unterschiedlichsten Disziplinen von der Kosmologie bis zur Philosophie ihn zum Namen des Lebens selbst gemacht, in seinen unterschiedlichsten Formen und in den verschiedensten Sprachen *(spiritus, pneuma, esprit)*. Um seinen Rang anzuerkennen, hat man ihn zur Substanz gemacht, die in Form, Materie und Wesen von den anderen getrennt ist: dem Geist. Dabei ist das erste und paradoxeste Merkmal des Atems seine Substanzlosigkeit: Er ist eben kein von den anderen losgelöster Gegenstand, sondern das Vibrieren, durch das jedes Ding sich dem Leben öffnet und sich mit den übrigen Gegenständen mischt, das Oszillieren, das einen Moment lang die Materie der Welt animiert.

Er ist ein Vibrieren, das zugleich das Lebendige berührt und die Welt ringsum. Im Atem verbinden sich für einen Moment das Tier und der Kosmos und prägen eine andere Einheit als die, die Wesen oder Form markiert. Und doch begründen mit und in eben dieser Bewegung das Lebendige und die Welt ihre Trennung. Was wir Leben nennen, ist nur diese Geste, durch die ein Teil der Materie sich mit derselben Kraft von der Welt unterscheidet, mit der sie sich auch mit ihr vermengt. Atmen heißt, Welt werden, in ihr aufgehen und unsere Form wieder abzeichnen, und das immer wieder aufs Neue. Atmen heißt, die Welt erkennen, sie durchdringen und sich von ihr und ihrem Geist durchdringen lassen. Sie durchqueren und mit demselben Schwung für einen Augenblick der Ort werden, an dem die Welt zur individuellen Erfahrung wird. Dieser Vorgang ist niemals endgültig: Wie das Lebendige ist die Welt nur die Wiederkehr des Atems und ihrer Möglichkeit. Geist.

Der Atem beschränkt sich nicht auf die Aktivität des Lebendigen: Er definiert auch und vor allem die Konsistenz der Welt. Der Raum, den er bezeichnet, fällt zusammen mit den Grenzen der erfahrbaren Welt. Wir kommen so weit, wie unser Atem kommt. Umgekehrt wäre eine Welt ohne Atem nur eine konfuse Ansammlung von sich zersetzenden Gegenständen. Ihm verdanken wir unser Dasein auf der Welt, und in ihm kennen wir sie und gehen mit ihr um. Und so müssen wir auch den Atem nach der Natur der Welt befragen: Denn in ihm offenbart sich die Welt, erst in ihm existiert sie für uns.

Die unendlichen Formen des Atems verleihen den unzähligen Wesen, die den Kosmos bevölkern, den unterschiedlichsten, den unvergleichlichsten Dingen, den entferntesten Momenten und Räumen, den unvereinbarsten Wirklichkeiten ihre Einheit. Sie verschmelzen zu einer Welt. Als höhere Einheit alles Verschiedenen, als erhabene, unübertreffliche Einheit dessen, was ist, und dessen, was nicht ist, existiert sie nur im und als Atem.

Der metaphysische Raum des Atems ist älter als jeder Widerspruch: Der Atem geht jeder Trennung von Seele und Leib voraus, von Geist und Gegenstand, von Idealität und Realität. Es reicht nicht, die Faktizität des Sinns zu erklären und seinen Primat über das Dasein. Sinn und Dasein leben immer wie der Atem und im Atem: Sie sind nur spezifisches Vibrieren. Die Welt ist Atem, und alles, was in ihr existiert, existiert als solcher. Die Existenz der Welt ist kein logisches Faktum: Sie ist eine Frage der Atemlehre. Nur der Atem kann die Welt berühren und erfahren, ihr ein Dasein verschaffen. Man kann die Welt nur eratmen.

Nicht allein in der Antike galt der Atem als transzendentale Einheit der Welt und als Beweis, dass sie als solche eine lebendige Realität ist. In einem unveröffentlichten Fragment schrieb Isaac Newton: »Damit ähnelt diese Welt einem großen Tier oder eher einer nicht beseelten Pflanze, die ätherischen Atem einsaugt zur täglichen Erfrischung und als Triebmittel des Lebens und ihn in großen Stößen wieder ausströmen lässt.«[1]

Doch es dauerte noch bis zur jüngeren Debatte um die Gaia-Hypothese, bis der Atmosphäre die lebendige Einheit der Welt zuerkannt wurde, der Beweis, dass die Erde vom Leben determiniert wird. Eine ihrer ersten Ausformulierungen in dem Artikel, den Lovelock und Margulis 1974 in der Zeitschrift *Icarus* publizierten, nennt die schiere Existenz der Atmosphäre als Beweis für eine »Homöostase planetaren Ausmaßes«,[2] da »das Leben den Energie- und Massefluss auf der Erdoberfläche bestimmt hat«.[3] Die Atmosphäre ist der Lebenshauch, der die Erde in ihrer Gesamtheit animiert.

Der Gedanke ist alles andere als neu. Wahrscheinlich als Erster definierte Lamarck den atmosphärischen und klimatischen Raum als dynamischen Ort der wechselseitigen Verbindung von Materie und Leben, von Welt und Subjektivität. Die Abhandlung, die er unter dem Titel *Hydrogeologie* der Erforschung dieses Grenzraums widmet, beginnt mit dieser Frage: »Welchen Einfluss haben die belebten Körper auf die Stoffe, die sich auf der Oberfläche der Erdkugel befinden, und die Rinde bilden, von welcher sie umgeben ist; und welches sind im Allgemeinen die Folgen dieses Einflusses?«[4] Die Möglichkeit, die oberste Schicht der Erdkruste und die Gesamtheit der gasförmigen und flüssigen Materie, die den Planet bedecken, als riesiges Fluidum zu denken, in dem das Sein zirkuliert, speist sich aus der Entdeckung, dass »die zusammengesetzteren Mineralkörper von jeder Gattung und Art, welche die äussere Erdrinde ausmachen, und hier bald abgesonderte Haufen, bald Erzgänge, bald parallele Schichten u. dgl. ausserdem Ebenen, Hügel, Thäler und

Berge bilden, ausschliesslich die Producte der Thiere und Pflanzen sind, welche an diesen Stellen der Erdoberfläche gelebt haben.«[5] Diese Einheit wird laut Lamarck vom Aggregatzustand bewirkt, und die Existenz der Formen aller oberflächiger Materie lässt sich direkt oder indirekt begründen mit den organischen Fähigkeiten der Lebewesen. Wie er bereits in seinen *Memoiren* geschrieben hatte: »Alle Verbindungen, die wir auf unserer Erde beobachten, sind entweder direkt oder indirekt den organischen Fähigkeiten der mit Leben begabten Wesen geschuldet. Diese Wesen nämlich bilden all ihre Materien, und sie besitzen die Fähigkeit, selbst ihre eigene Substanz aufzubauen, und um diese aufzubauen, hat ein Theil von ihnen (die Pflanzen) die Fähigkeit, die ursprünglichen Verbindungen zu bilden, die sie ihrer Substanz angleichen.«[6] Und dabei geht es hier nicht einfach nur um den Einfluss auf die chemische Zusammensetzung. Die Gegenwart der Lebewesen beschränkt sich nicht darauf, die Aggregation der Materie zu bestimmen, sondern definiert auch ihren Zustand. Die Welt existiert nur da, wo es Lebendiges gibt. Und die Gegenwart des Lebens verwandelt ihrerseits die Grundnatur des Raums.

Diese Bewegung wirkt gegenläufig zu der, die Lamarck in seiner *Zoologischen Philosophie* beschreibt: Es ist nicht mehr am Lebendigen, sich den Umweltbedingungen anzupassen, den *circumfusa* der neohippokratischen Medizin,[7] sondern die Umwelt in ihrer Gesamtheit wird zum Echo, zum Widerschein, zum Nimbus der Masse der Lebewesen. Zu ihrer Atmosphäre.

Auch das Gegenteil trifft zu: Atmosphärisch verbunden mit dem, was uns umgibt, sind wir auch deshalb, weil die Atmosphäre selbst beständig das Lebendige zeugt. Zu diesem Schluss kommt eine der ersten Analysen über die chemischen Beziehungen zwischen Leben und Umwelt, dem *Essai de statique chimique* von Dumas und Boussingault aus dem Jahr 1844. Die Autoren gehen von der Feststellung aus, dass die Pflanzen »in jedem Punkt genau umgekehrt« funktionieren wie die Tiere: »Während das Tierreich einen unermesslichen Verbrennungsapparat darstellt, stellt dagegen das Pflanzenreich einen unermesslichen Reduktionsapparat dar.« Dass sie so perfekt ineinandergreifen, ist weder einfach der Zusatzeffekt einer im Voraus geregelten Harmonie noch das Ergebnis des göttlichen Wirkens, das sich in der natürlichen Ökonomie ausdrückt, sondern die Folge aus der Tatsache, dass das Leben der Pflanzen und Tiere vollständig von der Atmosphäre abhängt: »Was die einen der Luft geben, entnehmen die anderen der Luft, sodass man, wenn man diese Tatsachen vom höchsten Standpunkt der globalen Physik aus betrachtet, sagen müsste, dass in Bezug auf ihre tatsächlich organischen Elemente die Pflanzen, die Tiere sich von der Luft ableiten, nichts sind als *kondensierte Luft.* (…) Die Pflanzen und Tiere kommen also von der Luft und kehren in sie zurück; sie sind echte Ableger der Atmosphäre. Die Pflanzen entnehmen also unablässig der Luft, was die Tiere ihr zufügen.«[8] Wir bewohnen nicht die Erde, wir bewohnen die Luft durch die Atmosphäre. Wir sind in sie eingetaucht, genau wie der Fisch ins Wasser eingetaucht ist. Und was wir Atmung nennen, ist nichts als die Bewirtschaftung der Atmosphäre.

Zu versuchen, die beiden Bewegungen zu verbinden – die von den Lebewesen zur Umwelt und die von der Umwelt zum Lebendigen – bedeutet, die Atmosphäre als ein System oder einen Raum zu denken, in dem Leben, Materie und Energie zirkulieren. Diesen radikalen Ansatz verfolgt der russische Naturforscher Wladimir Wernadski. Er räumt ein, dass »die Atmosphäre keine unabhängige Lebensregion«[9] ist, sondern tatsächlich ein Ausdruck des Lebens. So haben die grünen Pflanzen ein neues, transparentes Medium für das Leben erschaffen, die Atmosphäre:[10] »Das Leben schafft den freien Sauerstoff auf der Erdkruste, aber auch das Ozon, das die Biosphäre vor der schädlichen Kurzwellenstrahlung der Himmelskörper schützt.«[11] Umgekehrt konstituiert sich das Leben aus der Atmosphäre heraus: »Die lebendige Materie baut die Körper der Organismen aus den atmosphärischen Gasen wie Sauerstoff, Kohlendioxid und Wasser im Zusammenspiel mit Stickstoff- und Schwefelverbindungen, indem sie diese Gase zu brennbaren Flüssig- und Feststoffen umbaut, die die kosmische Sonnenenergie aufnehmen.«[12] Als Biosphäre bezeichnet Wernadski »die äußere Erdschicht«, die er nicht nur als materielle Region bezeichnet, sondern vor allem als »Energieregion und als Quell für die Transformation des Planeten. Die kosmischen Kräfte verändern das Gesicht der Erde, und als Ergebnis unterscheidet sich die Biosphäre historisch von den anderen Teilen des Planeten.«[13]

Hauptquelle dieser Region ist das, was Wernadski lebende Materie nennt: die Gesamtheit der Organismen und lebenden Körper, die für die Erschaffung neuer Verbindungen verantwortlich[14] und in der Lage sind, »die chemische Trägheit an der Oberfläche des Planeten stark und beständig zu stören.« Die lebende Materie ist es, die »die Farben und Formen der Natur erschafft, die Assoziationen der Tiere und Pflanzen wie die kreative Arbeit der zivilisierten Menschheit, und darin wird sie zum Teil der chemischen Prozesse an der Erdoberfläche. Es gibt kein substanzielles chemisches Gleichgewicht auf der Erdkruste, in dem der Einfluss des Lebens nicht offensichtlich wäre und in dem die Chemie nicht die Arbeit des Lebens aufweist. Das Leben ist in diesem Sinne nicht ein äußerliches oder zufälliges Phänomen der Erdoberfläche. Es ist eng verbunden mit der Struktur der Erdkruste, es stellt einen Teil seines Mechanismus dar und erfüllt Funktionen von vorrangiger Bedeutung für die Existenz dieses Mechanismus. Ohne Leben würde der Mechanismus der Erdoberfläche nicht existieren.«[15] In dieser lebenden Masse spielen die Pflanzen eine Hauptrolle: »Alle lebende Materie kann als ein und dieselbe Einheit im Mechanismus der Biosphäre betrachtet werden, aber nur ein Teil des Lebens, die grüne Vegetation, die Träger von Chlorophyll, nutzen direkt die Sonneneinstrahlung (…). Die lebendige Welt in ihrer Gesamtheit ist mit diesem grünen Teil des Lebens über ein direktes, unauflösliches Band verbunden.«

Die Atmosphäre ist nicht etwas, was zusätzlich zur Welt daherkäme: Sie ist die Welt als Realität der Mischung, innerhalb derer alles atmet. Doch während die Naturwissenschaften sich schwertun mit dem Gedanken, Eintauchen und Mischung als wahre Natur des Kosmos zu denken, verstehen die Geisteswissenschaften sie (und das Klima) hartnäckig einerseits als *rein natürliches* Faktum, *das also nicht in ihren Bereich fällt,* und andererseits als rein menschliche Realität oder als ausschließlich ästhetisches Phänomen, das also keinen Bezug mehr zu all dem hat, was der nichtmenschlichen Welt angehört. So entwickelte sich seit der berühmten Schrift des Hippokrates, *Luft, Wasser und Ortslage,*[16] eine umfassende Tradition, die von Aristoteles bis Montesquieu reicht,[17] von Vitruv bis Herder[18] und die später die politische Geografie Ratzels oder die metaphysische Geografie von Watsuji Tetsurō[19] inspirieren sollte. In der extremen Vielfalt der Ansätze, Lehrmeinungen und historischen Kontexte konzentriert sich diese Tradition auf zwei Annahmen. Zunächst einmal geht es darum anzuerkennen, wie Jean-Baptiste Dubos es später formulieren sollte, dass »die menschliche Maschine kaum weniger abhängig ist von den Eigenschaften der Luft in einem Lande, von den Abwandlungen dieser Eigenschaften, kurz, von allen Veränderungen, die die sogenannten Operationen der Natur hindern oder fördern können, als die Früchte selbst.«[20] Das Klima ist hier synonym für das Nicht-Menschliche. Die menschliche Sphäre – Kultur, Geschichte, Geistesleben – ist nicht autonom, sie begründet sich im Nicht-Menschlichen; die anscheinend nicht spirituellen Elemente – Luft, Wasser, Licht, Winde – zeugen keinen Geist, können aber den Mensch beeinflussen, sein Verhalten, seine Einstellungen und Gedanken. Die Klimata zeugen und begründen die Pluralität der Menschen in ihrem Äußeren und erst recht in ihren Sitten. So schreibt es Edme Guyot: »Die Natur der Erde, die Eigenschaften ihrer Früchte und der Unterschied der Klimata haben zur Vielfalt der Farben beigetragen und zur Mannigfaltigkeit der Gestalten und Gemütsarten aller Menschen.«[21] Das Nicht-Menschliche ist der Grund für die Vielfältigkeit der Lebensformen, und das nicht nur im Raum, sondern auch in Zeit und Geschichte.

Durch eine Radikalisierung von Herders Ansatz, der die Geschichte, so sagt es Kant, zu einer Art »Klimatologie aller menschlichen Denk- und Empfindungskräfte« macht, erklärt die Soziologie Simmels den Begriff Atmosphäre zum absoluten Medium der sozialen Wahrnehmung: »Dass wir die Atmosphäre jemandes riechen, ist die intimste Wahrnehmung seiner«.[22] Dem Gedanken der Atmosphäre als Dynamismus, dem alle Soziabilität entstammt, lachte noch eine erfolgreiche Zukunft. So versteht etwa Peter Sloterdijk die Atmosphäre zugleich als Produkt der menschlichen Koexistenz und als Paradigma allen kulturellen Lebens als solches: »Die symbolische Klimatisierung des gemeinsamen Raumes ist die Urproduktion jeder Gesellschaft.« Die Menschen, so Sloterdijk, »sind die Lebewesen, die darauf angelegt sind, Schwebewesen zu sein, wenn schweben bedeutet: von geteilten Stimmungen und von gemeinsamen Annahmen abhängen.«[23] Dieses gemeinsame Milieu ist das, was Sloterdijk eine

Sphäre nennt, die geometrische Form der absoluten Interiorität, indem er vorführt, dass »das Sein-in-Sphären für Menschen das Grundverhältnis bildet (…). Noch nie haben die Menschen unmittelbar zur sogenannten Natur gelebt, und erst recht haben ihre Kulturen niemals den Boden dessen betreten, was man die nackten Tatsachen nennt; sie haben ihr Dasein immer schon ausschließlich im gehauchten, geteilten, aufgerissenen, wiederhergestellten Raum. (…) Sie gedeihen nur im Treibhaus ihrer autogenen Atmosphäre.«[24] In der Gesellschaft zu leben heißt, an der Konstruktion dieser Atmosphären mitzuwirken. Umgekehrt ist die Atmosphäre immer ein kulturelles Faktum. Mehr noch: Sie verkörpert die Unmöglichkeit eines Naturzustands: Klimatisierung bedeutet für Sloterdijk die Unmöglichkeit des Zugriffs auf die natürliche Welt. Die Pflanzen dagegen zeigen, dass die Klimatisierung, das *air-designing,* der einfachste Existenzakt des Lebendigen ist, seine elementarste Natur.

Der kulturelle Reduktionismus steht in einer langen Tradition, die die Atmosphäre zum »Grundbegriff einer neuen Ästhetik« macht. »Atmosphäre ist die gemeinsame Wirklichkeit des Wahrnehmenden und des Wahrgenommenen. Sie ist die Wirklichkeit des Wahrgenommenen als Sphäre seiner Anwesenheit und die Wirklichkeit des Wahrnehmenden, insofern er, die Atmosphäre spürend, in bestimmter Weise leiblich anwesend ist.«[25] Diese Interpretation, die auf Léon Daudet zurückgeht, macht die Atmosphäre zur »Erkenntnis der Haut, tangential wie die Erkenntnis des Geistes, die die Epithelzellen in der gleichen Weise benutzt wie die Erkenntnis des Geistes die Wortstämme benutzt.«[26] Diese Fähigkeit zur synthetischen Erkenntnis »umhüllt Raum und Zeit, wird zugleich vom Universum ausgestrahlt und von uns selbst; sie ist in uns, in Bewusstsein, Menschen und Völkern, als Inklusion des Universellen, wie das Etwas, das verbindet, nachdem es spezifiziert hat, das weder quantitativ ist noch qualitativ, aber an beidem gleichzeitig teilhat, das Etwas, das im Leben ein Eigenleben führt, verborgen und doch erkennbar, so wie Radium oder Wellen im kryptoiden Busen der unbeseelten Welt.«[27] Diese Ausstrahlung, die »zugleich moralisch und organisch ist, verbunden mit dem gesamten Wesen in moralischer Hinsicht und mit dem epithelialen und endothelialen Gewebe in organischer Hinsicht«,[28] gründet sich auf eine kosmische Übereinkunft. »Die gesamte Hautfläche macht uns zu Teilhabern am universellen Gleichgewicht, zu Angepassten vom Außen ans Innen *(adaequation rei et sensus)*.«[29]

Diese psychologische und gnoseologische Reduktion der Atmosphäre scheint zu vergessen, dass die Atmosphäre grundlegend eine *ontologische* Tatsache ist, die den Zustand und den Daseinsmodus der Dinge betrifft und nicht die Art und Weise, in der sie wahrgenommen werden. Wenn jeder Akt der Erkenntnis in sich ein atmosphärisches Faktum ist, weil es sich um einen Mischungsakt von Subjekt und Objekt handelt, dann geht die Erweiterung des atmosphärischen Raums weit über jeden Akt der Erkenntnis hinaus.

9

ALLES IST
IN ALLEM

Leben heißt Atmen, denn unser Bezug zur Welt ist nicht der des Hineingeworfen-Seins, des Innerhalb-der-Welt-Seins und auch nicht der des Herrschens eines Subjekts über ein Objekt, das ihm gegenüberliegt: In-der-Welt-Sein heißt, ein transzendentales Eintauchen zu erfahren. Eintauchen – dessen ursprüngliche Dynamik der Atem ist – definiert sich als gegenseitige Verschränkung. Man ist mit derselben Intensität, derselben Kraft in etwas, wie dieses in einem ist. Gerade die Wechselseitigkeit der Inhärenz macht den Atem zu einem ausweglosen Zustand: unmöglich, sich von dem Milieu zu befreien, in das man eingetaucht ist, unmöglich, dieses Milieu von unserer Gegenwart zu reinigen.

Einatmen heißt, die Welt in uns kommen zu lassen – die Welt ist in uns –, und Ausatmen heißt, sich in die Welt zu werfen, die wir sind. In-der-Welt-Sein ist nicht einfach ein Sein *innerhalb* eines ultimativen Rahmens, der alles enthält, was wir je bemerken, erleben oder träumen können. Sobald wir anfangen zu leben, zu denken, wahrzunehmen, zu träumen, zu atmen, ist die Welt in ihren winzigsten Details in uns, durchdringt materiell wie spirituell unseren Körper und unsere Seele und gibt allem, was wir sind, Form, Konsistenz und Realität. Die Welt ist kein Ort; sie ist der Zustand des Eingetauchtseins von allem in allem anderen, die Mischung, die augenblicklich die Beziehung der topologischen Inhärenz umkehrt.

Der erste, der ganz präzise die Mischung als Wesensform der Welt definierte, war Anaxagoras: Alles ist in allem *(pan en panti)*. Das Eintauchen ist nicht der zeitweilige Zustand, bei dem ein Körper innerhalb eines anderen Körpers ist, und auch nicht eine Beziehung zwischen zwei Körpern. Damit das Eintauchen möglich wird, *muss alles in allem sein.* Einerseits, das haben wir bereits gesehen, ist das Eingetauchtsein die Erfahrung, in etwas zu sein, was seinerseits in uns ist. Andererseits ist nach Anaxagoras diese absolute, wechselseitige Mischung, die jedes Ding zum Ort jedes anderen Dings zu machen scheint, kein in Raum und Zeit begrenzter Zustand, sondern die Form der Welt und allen In-der-Welt-Seins. Damit es Welt gibt, müssen das Besondere und das Universelle, das Einzelne und die Gesamtheit sich gegenseitig und vollständig durchdringen: Die Welt ist der Raum der universellen Mischung, wo jedes Ding ein anderes Ding enthält und in *jedem* anderen Ding enthalten ist. Umgekehrt ist die Interiorität (das In-etwas-Sein, das *inesse)* die Beziehung, die jedes Ding an *jedes* andere Ding bindet, die das Sein der *weltlichen* Dinge definiert.[1]

Zu sagen, dass alles in allem ist, dass also das Eintauchen die ewige Form und der Möglichkeitszustand der Welt ist, bedeutet zunächst einmal zu erklären, dass jedes physische

Ereignis sich als Eintauchen und vom Eintauchen aus ereignet. So ist das Licht, in dem ich die Seite sehen kann, die ich schreibe, das Meer, in dem ich bade. Es ist wiederum im Schalter, im Kabel, das ihn mit der Lampe verbindet, und – embryonenhaft – auch in meiner Hand, der ihn betätigt. Und die Hand, die den Schalter betätigt hat, ist im Licht enthalten, das sie nunmehr beleuchtet. Alles ist in allem. Diese Mischung macht Welt und Raum zur Wirklichkeit einer Übermittelbarkeit und einer universellen Übersetzbarkeit der Formen. Doch was wir Übermittlung nennen, ist nur der Nachhall dieser wechselseitigen Inhärenz jedes Dings in jedem anderen Ding: Die Welt ist eine ewige Ansteckung.

Alles ist in allem, denn in der Welt muss alles zirkulieren können, sich übermitteln, sich übersetzen. Die Undurchdringbarkeit, die häufig als paradigmatische Form des Raums vorgestellt wurde, ist nur Illusion: Wo etwas der Übermittlung und der gegenseitigen Durchdringung im Weg steht, entsteht ein neuer Plan, über den die Körper die Inhärenz von einem zum anderen in eine wechselseitige Durchdringung umkehren können. Alles in der Welt bringt Mischung hervor und entsteht in der Mischung. Alles tritt überall ein und aus: Die Welt ist Öffnung, absolute Bewegungsfreiheit, nicht nebeneinander her, sondern *durch* die Körper und die anderen. Zu leben, zu erfahren oder In-der-Welt-Sein bedeutet auch, sich von allem durchqueren zu lassen. Aus sich herauszutreten heißt immer, in etwas anderes einzutreten, in seine Formen und seine Aura; zu sich selbst zurückzukehren bedeutet immer, sich gefasst zu machen auf die Begegnung mit allen möglichen Formen, Objekten, Bildern; dieselben, die Augustinus zu seinem Erstaunen in seinem Gedächtnis vorfand, diesem Fabrikanten der Mischung und strahlenden Beweis für diese totale Durchdringung.[2]

Wissenschaft und Philosophie haben sich vorgenommen, das Wesen der Dinge und des Lebendigen einzuordnen und zu definieren, ihre Formen und ihre Aktivität, doch sie bleiben weiterhin blind für ihre *Weltlichkeit,* also für ihre *Natur,* die in ihrer Fähigkeit besteht, in alles andere einzutreten und davon durchquert zu werden.

Genauso steht es um die Materie: Sie ist nicht das, was die Dinge trennt und unterscheidet, sondern was ihre Begegnung und ihre Mischung ermöglicht. Sie beschränkt sich nicht einfach auf den Raum und die Inhärenz einer Form in der Welt. Durch sie ist vielmehr alles in allem, nichts kann sich vom Schicksal des Übrigen absondern, und alles lässt sich von der Welt durchqueren und kann sie auch selbst durchqueren.

Die Welt zur Wirklichkeit dieser andauernden Umkehrung der Inhärenz von allem in allem zu machen bedeutet, den Raum nicht zum Namen der allgemeinen Exteriorität zu machen, sondern zum Namen der universellen Interiorität: alles in sich zu haben, was uns enthält. Ausdehnung, Körperlichkeit ist nicht der Raum, in dem das Sein außerhalb von jedem anderen Ding ist *(partes extra partes),* und zwar mit einer Intensität, die mit seinem *conatus sese conservandi* zusammenfällt; der Raum ist vielmehr die Erfahrung, in der jedes Ding sich der Möglichkeit aussetzt, von jedem anderen

Ding durchquert zu werden, und sich bemüht, die Welt zu durchqueren in all ihren Formen, Konsistenzen, ihren Farben und Gerüchen. Raum und Ausdehnung sind also die Kräfte, die es jedem Ding ermöglichen zu atmen, sich auszudehnen und sich im Atem zu vermengen: Atmen heißt, sich von der Welt durchdringen zu lassen, um die Welt zu etwas zu machen, was *auch* aus unserem Atem besteht. Alles atmet, und alles ist Atem, da alles sich gegenseitig durchdringt.

Damit müssen wir eine neue Geometrie denken, denn der Kosmos stellt keine Sphäre mehr dar und keine Fläche. Der Kosmos als Natur ist kein Rahmen, der in sich alle Wesen einschließt (die Sphäre), er ist auch nicht mehr die Gesamtheit der Dinge *(ta panta)* oder eine seine Elemente transzendierende Gesamtheit (der Eine oder Gott). Doch seine Transzendenz zu leugnen, um sie zur Urkraft zu machen, zur *Wurzel* oder zum *Grund*, wie es sich eine Tradition vorstellte, die im deutschen Idealismus gipfelte, reicht nicht. Auch nicht, diesen Grund als *Ungrund* zu denken.[3] Zu erklären, dass *alles in allem ist (pan en panti),* bedeutet nicht einfach, sich die Existenz jeden Dings in einem einzigen Substrat vorzustellen. Der Kosmos – das heißt die *Natur* – ist nicht der Grund der Dinge, er ist ihre Mischung, ihr Atem, die Bewegung, die ihre gegenseitige Durchdringung veranlasst. Anders gesagt, der Begriff der Immanenz reicht nicht aus, um die Existenz der Welt zu denken oder um sie zu radikalisieren, indem man Gott und Welt eins werden lässt – wie es etwa der Pantheismus getan hat – in der Vorstellung von der Inhärenz jeden Dings in Gott (wobei das

Einswerden nur über Gott gedacht wird). Die wahre Immanenz ist die, die jedes Ding innerhalb jedes anderen Dings existieren lässt: Alles ist in allem bedeutet, dass alles in allem immanent ist. Die Immanenz ist nicht mehr die Beziehung zwischen einem Ding und der Welt, sondern die Beziehung, die die Dinge untereinander verbindet. Sie ist genau diese Beziehung, die die Welt konstituiert.

So definiert die Totalität einen Bezug der radikalen, absoluten Interiorität, die jede Unterscheidung von Umfasstem und Umfassendem hinfällig macht. Denn wenn alles in allem ist, umfasst nicht nur jedes Ding jedes andere Ding, sondern ein Ding muss sich in jedem beliebigen anderen Ding finden, ja sogar in den Dingen, die es selbst umfasst. Die Tatsache, *in einem Ding enthalten zu sein,* koexistiert mit der Tatsache, dieses Ding selbst zu enthalten. Das Umfassende ist zugleich Umfasstes in dem, was es umfasst. Diese Identität ist nicht logisch, sie ist topologisch und dynamisch. Jeder Gegenstand ist ein Ort für jeden anderen Gegenstand, und umgekehrt heißt dieses Ort-Sein, seine Welt in jedem anderen Gegenstand zu finden. So ist gewissermaßen jedes Ding eine Welt, in der die Welt nicht mehr letzter, unerreichbarer Rahmen ist, der sich erst am Ende der Zeit und am äußersten Rand des Raums ergibt, sondern die intensive Identität mit jedem beliebigen seiner Gegenstände. In-der-Welt-Sein heißt nicht mehr, sich in einem unbegrenzten Raum zu befinden, der auch alle anderen Dinge enthält, sondern es heißt, nicht mehr die Erfahrung machen zu können, an einem Ort zu sein, ohne diesen Ort in sich selbst vorzufinden und damit zum Ort unseres Orts zu werden. Die Welt ist die Kraft, die alle Inhärenz in ihr Gegenteil umkehrt, allen Inhalt zum Ort macht und jeden Ort zu einem Element derselben Verbindung.

Die Kosmologie der Mischung gründet sich also auf eine andere Lehre vom Sein als auf die, die traditionell gelehrt wird. Denn jede Aktion ist Interaktion oder besser: gegenseitige Durchdringung und Beeinflussung. Die Physik – die Wissenschaft von der Natur – müsste demnach völlig neu geschrieben werden. Wenn die Welt in all ihren Seienden ist, bedeutet das, dass alles Seiende in der Lage ist, die Welt radikal zu verändern. Die universelle Mischung verkörpert die Tatsache, dass die Welt ständig der Transformation ausgesetzt ist, die ihre Komponenten vornehmen. Um sich diesem Paradox zu stellen, braucht man gar nicht bis zum Anthropozän zu warten: Schon die Pflanzen haben vor Millionen Jahren die Welt verändert, indem sie die Möglichkeitszustände für das Tierleben geschaffen haben. Das »Phytozän«[4] ist der klarste Beweis dafür, dass die Welt Mischung ist und dass jedes weltliche Wesen mit derselben Intensität in der Welt ist, mit der die Welt in ihm ist. In der universellen Mischung ist die Wirkung immer in der Lage, ihre Ursache zu verändern, die stets in ihr ruht. In diesem Sinn ist das Eintauchen die Aufhebung der Einbahnstraße, die dem Individuum die Gesamtheit voraussetzt, das Frühere dem Späteren. In der Mischung ist die Kausalität immer bidirektional: Die Mischung ist immer ein *hysteron proteron*. Die Rückwirkung, die man als Eigenschaft des Lebens betrachtet hat, ist nur der eigene Rhythmus des Atems, das Atmen der Mischung. Auch deswegen sind die Begriffe Milieu und Umwelt nicht tragbar: Das Lebendige ist genauso Milieu für die Welt wie die übrigen Dinge der Welt Milieu für das lebende Individuum sind. Die Einflüsse gehen immer in beide Richtungen. Rückwirkung ist eine Auswirkung des Eintauchens, und das Eintauchen ist ein kosmisches Faktum: Es konstituiert Form und Möglichkeitszustand des Kosmos, nicht Wirkung irgendwelcher *menschlicher* Aktionen. Der Begriff Anthropozän wandelt das, was die Existenz der Welt überhaupt definiert, um in eine einzige, historische und negative Handlung: Er macht die Natur zu einer kulturellen Ausnahme[5] und den Menschen zu einer extranatürlichen Ursache. Er vernachlässigt vor allem die Tatsache, dass die Welt immer die Wirklichkeit des Atems der Lebendigen ist.

Die Kosmologie ist in diesem Sinne eine Pneumatologie, oder besser: deren erhabenste Form. Die Welt zu kennen heißt, sie zu atmen, denn jeder Atem ist eine Produktion von Welt. Was getrennt zu sein scheint, vereint sich in einer dynamischen Einheit. Atmen bedeutet, die Welt zu genießen. Und die Welt ist für jedes Lebewesen und für jeden Gegenstand das, was sich durch und dank dem Atem gibt. Die Welt trägt den Geschmack des Atems. Jeder Geist erzeugt Welt, weil jeder Akt des Atmens nicht das einfache Überleben des Tiers in uns ist, sondern Form und Konsistenz der Welt, deren Pulsieren wir sind.

Dieses Zusammenfallen von Pneumatologie und Kosmologie hat nichts Metaphorisches, nichts Willkürliches. Indem wir die Welt, ihre Form, ihre Grenzen, ihre Konsistenz hinterfragen bis in den Atem hinein, der sie uns erkennen und ihr anhängen lässt, können wir eine Selbstverständlichkeit wiederfinden, die jede klassische Kosmologie niemals erreichen kann. In der Immanenz des Atems erweist sich die Welt als etwas Näheres, etwas extrem Anderes als das, was wir uns vorgestellt haben. Ein nie zuvor gesehenes Gesicht, das zu betrachten die Pflanzen uns ermöglichen.

III

THEORIE DER WURZEL –
DAS LEBEN DER GESTIRNE

10

WURZELN

In Sneffels Yoculis craterem kem delibat
umbra Scartaris Julii intra calendas descende,
audas viator, et terrestre centrum attinges.
Kod feci. Arne Saknussem.
Jules Verne

Sie sind versteckt, unsichtbar für die allermeisten tierischen Organismen, die auf dem Festland um Aufmerksamkeit konkurrieren. Vergraben in einer abgeschotteten, kryptischen Welt verbringen sie ihr Leben, ohne auch nur zu ahnen, welche Explosion von Formen und Ereignissen zwischen Erde und Himmel stattfindet. Die Wurzeln sind die rätselhaftesten Formen der Pflanzenwelt. Ihr Körper ist häufig unendlich groß, unendlich komplexer als ihr luftiger Zwilling, den die Pflanzen im Tageslicht vorführen: Die Gesamtoberfläche des Wurzelsystems einer Roggenpflanze kann 400 Quadratmeter erreichen, das ist 130-mal so viel wie die Fläche seines Luftkörpers.[1]

In der Geschichte des Pflanzenlebens sind sie relativ spät aufgetaucht: Über Millionen Jahre verzichteten die Pflanzen auf sie – im Meer wie auf dem Land.[2] *Primum vegetari deinde radicare:* Das Pflanzenleben braucht offenbar keine Wurzeln, um sich zu definieren oder zu existieren oder wenigstens zu überleben. Ihr Ursprung ist unbekannt, und ihre Formen lassen sich nicht so einfach nachvollziehen. Das erste fossile Zeugnis ist 390 Millionen Jahre alt. Wie alle Lebensformen, die die Jahrtausende überdauern sollten, ist ihre Herkunft eher Zufall und Flickschusterei als methodische, bewusste Ausarbeitung: Die ersten Wurzelformen waren funktionelle Abwandlungen des Stamms oder waagrechte Rhizome ohne Blätter.[3]

Ihre Morphologie sowie ihre Physiologie ist extrem variabel: Ihre Funktionen haben sich im Lauf der Zeit verändert und lassen sich nicht ganz eindeutig zuordnen; manchmal – etwa bei den Mykorrhizen – werden sie an andere Organismen delegiert, die in eine Symbiose mit der Pflanze eintreten.

Es scheint, als verliefe ihr Leben wie abgeschnitten von der Vielfalt der Lebensformen, und dabei verdanken die Pflanzen ihnen ihr Bewusstsein für das, was rings um sie geschieht. Bereits Platon verglich unseren Kopf und damit die Vernunft mit einer »Wurzel«: Der Mensch, so schreibt er, sei »ein Gewächs, das nicht in der Erde, sondern im Himmel wurzelt«, die Wurzeln nach oben, eine Art umgekehrte Pflanze.[4] Die kanonisch gewordene Version aber lieferte Aristoteles in seiner Abhandlung *De anima:* »Oben und Unten sind ja bei allen Wesen und beim Weltall nicht dasselbe, sondern was der Kopf der Lebewesen, das sind die Wurzeln der Pflanzen, wenn man doch die Organe als verschiedene oder gleiche nach ihren Leistungen bezeichnen muß.«[5]

»Beider Handlung«, kommentiert Averroes, »ist identisch.«[6] Die Analogie zwischen Kopf und Wurzel begründet die zwischen Mensch und Pflanze. Sie wird in der philosophischen und theologischen Tradition des Mittelalters bis in die Moderne außerordentlich erfolgreich bleiben (noch Francis Bacon benutzte sie). So setzt sich Wilhelm von Conches in seiner philosophischen Abhandlung mit der Parallele auseinander und erklärt: »Die Bäume treiben ihre Wurzel, die ihr Kopf ist, nach unten in die Erde, aus der sie ihre Nahrung holen. Der Mensch dagegen hebt seinen Kopf, der wie seine Wurzel ist, hoch in die Luft, denn er lebt von seinem Geist.«[7] Linné[8] wird den Sinn der Analogie umkehren und von der Pflanze als umgekehrtem Tier sprechen. Das geflügelte Wort aber, *quemadmodum caput est animalibus ita radices plantis* (»Was der Kopf den Tieren, sind die Wurzeln den Pflanzen«), scheint seine Wirksamkeit nie verloren zu haben. So schrieb Darwin in den Schlussbemerkungen seines Buchs über die Bewegungsfähigkeit der Pflanzen: »Es ist kaum eine Übertreibung, wenn man sagt, daß die (…) Spitze des Würzelchens, welche das Vermögen die Bewegungen der benachbarten Theile zu leiten hat, gleich dem Gehirn eines der niederen Thiere wirkt; das Gehirn sitzt innerhalb des vorderen Endes des Kopfes, erhält Eindrücke von den Sinnesorganen und leitet die verschiedenen Bewegungen.«[9] Auch František Baluška, Stefano Mancuso und Anthony Trewavas[10] setzen diese Annahme in ihren Forschungen zum Begriff der Pflanzenintelligenz fort und versuchen nachzuweisen, dass die Wurzel ganz und gar dem entspricht, was beim Tier das Gehirn ist, weil sie über dieselben Fähigkeiten verfügt. Über das Wurzelsystem nämlich erwirbt eine Pflanze die meisten Informationen über ihren Zustand und den des Milieus, in das sie eingetaucht ist; und ebenfalls über die Wurzeln tritt sie in Kontakt mit den benachbarten Individuen und managt kollektiv Risiken und Schwierigkeiten des unterirdischen Lebens.[11] Die Wurzeln machen den Boden und die unterirdische Welt zu einer Art spirituellem Kommunikationsraum. Damit wird durch sie der festeste Teil der Erde zu einem unermesslichen globalen Gehirn,[12] wo Materie, aber auch Informationen über die Identität und den Zustand der Organismen zirkulieren, die das umliegende Milieu bewohnen. Als wäre die ewige Dunkelheit, in deren Fängen wir uns die Tiefen der Erde vorstellen, alles andere als ein langer, tauber Schlaf. In der unermesslichen, lautlosen Retorte des Untergrunds ist die Dunkelheit eine Wahrnehmung ohne Organe, ohne Augen und Ohren, eine Wahrnehmung des gesamten Körpers. Dank der Wurzeln existiert die Intelligenz in mineralischer Form in einer Welt ohne Sonne und ohne Bewegung.

In der Alltagssprache genauso wie in Literatur und Kunst sind die Wurzeln häufig Emblem und Allegorie für das ganz *Grundlegende, Ursprüngliche,* für das, was hartnäckig stabil und unverrückbar, ja notwendig ist. Sie sind das Pflanzenorgan schlechthin. Und doch ließe sich unter den Formen, die das Leben im Lauf seiner Geschichte erschaffen und übernommen hat, kaum eine finden, die zweideutiger wäre. Die Wurzeln sind für das Überleben des Individuums nicht notwendiger als die übrigen Teile des Organismus; aus rein evolutiver Sicht sind sie kein Ursprung des Pflanzenprodukts – anders als etwa die Photosynthese. Die Vorteile, die sie mitbringen, sind die des Netzwerks und nicht die von Isolation und Unterscheidung. Doch gleichzeitig wäre es naiv, sie einfach nur als sekundären, dekorativen Fortsatz zu betrachten. Die Wurzeln sind nicht, wofür man sie zunächst gehalten hat, aber sie verkörpern und bringen doch eine der markantesten Eigenschaften des Pflanzenlebens zum Ausdruck: die Zweideutigkeit, die Hybridität, den amphibischen Doppelcharakter.

Da ist zunächst einmal die ökologische Hybridität. Dank der Wurzeln bewohnt die Gefäßpflanze als einziger aller lebenden Organismen *gleichzeitig* zwei Milieus, die sich in Textur, Struktur, Organisation und Population radikal unterscheiden: Erde und Luft, Boden und Himmel. Und es reicht den Pflanzen nicht, sie einfach nur zu streifen, sie dringen in beide ein mit derselben Hartnäckigkeit, derselben Fähigkeit, ihren Körper in den unerwartetsten Formen zu erfinden und herauszubilden. Als kosmische Mediatoren sind die Pflanzen *ontologische Amphibien*.[13] *Sie verbinden die Milieus, die Räume*, sie zeigen, dass der Bezug zwischen Lebewesen und Milieu nicht in *exklusiven* Begriffen gedacht werden kann (wie es die Nischentheorie oder Uexküll versuchten), sondern immer in *inklusiven*. Das Leben ist immer kosmisch, es besteht nicht aus einer Nische; es ist nie eingesperrt in einem *einzigen* Milieu, sondern strahlt in alle Milieus aus; es macht die Milieus zu einer *Welt,* einem Kosmos von atmosphärischer Einheit.

Diese ökologische Duplizität wird begleitet, ja geradezu gedoppelt von einer dynamischen, strukturellen Duplizität. Obwohl beide Milieus kommunizieren und sich wechselseitig durchdringen – wie alles im Kosmos –, liegen sie nicht nur einfach eines neben dem anderen, sondern beide strukturieren einander gegenseitig so spektakulär wie gegensätzlich. Als führten die Pflanzen gleichzeitig zwei Leben: eines in der Luft, im Licht gebadet und eingetaucht, gemacht aus Sichtbarkeit und intensiver Interaktion mit anderen Pflanzen- und Tierarten – wohlbemerkt jeglicher Größe –; und das andere chthonisch, mineralisch, unterschwellig, *ontologisch* nächtlich, eingeritzt in den steinernen Leib des Planeten, in synergetischer Kommunikation mit allen Lebensformen, die ihn bevölkern. Diese beiden Leben wechseln sich nicht ab, schließen einander nicht aus: Sie sind Wesen ein und desselben Individuums, des einzigen Individuums, das in seinem Körper und in seiner Erfahrung Erde und Himmel vereint, Stein und Licht, Wasser und Sonne, das Bild der Welt in ihrer Gesamtheit ist. Schon im Körper der Pflanze ist alles in allem: Der Himmel ist in der Erde, die Erde wird gen Himmel gedrängt, die Luft wird Körper und Ausdehnung, die Ausdehnung ist lediglich eine atmosphärische Werkstatt.

Ökologisch und strukturell sind die Pflanzen Doppelwesen: Doch *anatomisch paarig* ist zuallererst ihr Körper. Die Wurzel ist wie ein zweiter Körper, geheim, esoterisch, unterschwellig: ein Anti-Körper, eine anatomische Anti-

Materie, die auf spektakuläre Art und Weise, Punkt für Punkt, alles umkehrt, was der andere Körper tut. Ein Anti-Körper, der die Pflanze in die exakt entgegengesetzte Richtung drängt als in die, der all ihre Anstrengungen auf der Oberfläche gelten. Stellen wir uns vor, zu jeder Bewegung unseres Körpers gäbe es eine weitere in umgekehrter Richtung; stellen wir uns vor, unsere Arme, unser Mund, unsere Augen hätten einen antithetischen Widerpart in einer vollkommen gespiegelten Materie zu der, die die Textur unserer Welt definiert: Dann hätten wir eine, wenn auch noch so vage Vorstellung, was es bedeutet, Wurzeln zu haben. Genau das nannte Julius Sachs die »Anisotropie der Pflanzenteile« – anders gesagt, die Antitropie oder Spiegelbildlichkeit ihrer Extremitäten.[14] Als wäre der Pflanzenkörper zweigeteilt, und jeder der beiden Teile würde sich nach einer Kraft und Textur strukturieren, die denen des anderen Teils radikal entgegengesetzt sind. Die Wurzel ist eine Apparatur zur minutiösen Dekonstruktion der Formen und Geometrien der Erdoberfläche, angefangen mit der Kraft, die unser Leben, also das der mobilen Tiere, scheinbar vollständig determiniert: der Gravitation.[15]

»Wir werden uns von diesem Organ einen richtigern Begriff machen«, schrieb Augustin Pyramus de Candolle im 19. Jahrhundert, »wenn wir sagen: die Wurzel *(radix)* ist derjenige Theil der Pflanze, der, von seinem Entstehen an, mit mehr oder weniger Energie gegen den Mittelpunkt der Erde hinabzusteigen strebt. Auf diesen vorherrschenden Charakter der Wurzeln haben einige Naturforscher angespielt, indem sie die Wurzel auf eine allgemeine Weise mit dem Ausdrucke *descensus* bezeichneten.«[16] Die Wurzeln sind der Abstieg schlechthin: der Weg nach unten, das geologische Abtauchen des Lebens. Ihre Existenz – ganz als wären sie nichtmenschliche Romanfiguren im Stil von Otto Lidenbrock oder gar Arne Saknussemm – ist eine ewige Reise zum Mittelpunkt der Erde, ein Versuch, mit ihr eins zu werden. Schon Thomas Andrew Knight hatte Anfang des 19. Jahrhunderts festgestellt: »Es kann keinem, nicht einmal dem unaufmerksamsten Beobachter entgehen, dass ganz egal, in welche Lage man ihn bringt, der Samen beim Hervorbringen seiner Wurzel sich unverändert bemüht, zum Mittelpunkt der Erde hinabzusteigen, während der längliche Keim die genau entgegengesetzte Richtung einschlagen wird.«[17] In Fortsetzung der Arbeiten von Julius Sachs[18] situiert Charles Darwin gemeinsam mit seinem Sohn Francis diese Kraft in der Wurzelspitze: »Die Fähigkeit, durch die Anziehung der Schwerkraft beeinflußt zu werden, liegt in der Spitze. (…) Verschiedene Theile einer und derselben Pflanze und verschiedene Species«, so schreibt er, »werden durch die Gravitation in sehr verschiedenen Graden und Weisen beeinflußt. Einige Pflanzen und Organe bieten kaum eine Spur ihrer Einwirkung dar. (…) Bei den Würzelchen mehrerer und wahrscheinlich aller Pflanzensämlinge ist die Empfindlichkeit für Gravitation auf die Spitze beschränkt, welche einen Einfluß auf den benachbarten oberen Theil überleitet und diesen veranlaßt, sich nach dem Mittelpunkte der Erde zu biegen.«[19]

Es wäre falsch, in dieser Liebe zur Erde einfach nur die Wirkung der Gravitation zu sehen: Die Wurzel beschränkt sich nicht darauf, die Erdanziehungskraft passiv wahr- und hinzunehmen, wie es jeder andere Körper auf der Erdoberfläche tun würde. Zwar ist die Gravitation »die konstanteste und dauerhafteste Umweltkraft, die überhaupt auf die Pflanzen wirkt«,[20] doch die Reaktion auf die Erdanziehungskraft ist nicht dieselbe wie bei den anderen Körpern – den Körpern der Tiere. Es ist nicht einfach die Wirkung des Gewichts, es ist eine andere Anziehung, eine Wachstumskraft Richtung Erdmittelpunkt. Wie bereits Darwin bemerkt hatte, »reizt der Geotropismus das primäre Würzelchen, sich mit sehr geringer Kraft nach abwärts zu biegen, völlig ungenügend die Erde zu durchdringen. Ein solches Durchdringen wird durch das zugespitzte Ende (von der Wurzelkappe geschützt) ausgeführt, welches durch die Längenausdehnung oder das Wachsthum der terminalen starren Partie, unterstützt durch deren quere Ausdehnung, nach abwärts gedrückt wird, welche beide Kräfte mit bedeutender Gewalt wirken.«[21] Als würde die Wurzel die schwache Erdanziehungskraft verdoppeln, die sie nach unten drängt. Als würde die Pflanze insgesamt all ihre Mittel aufbringen, um den Widerstand gegen ihren Abstieg zu überwinden – und das mit derselben Intensität, mit der der Stängel nach oben strebt.

Es ist verlockend, in der Wurzel die vollkommenste Erfüllung von Nietzsches Maxime der höchstmöglichen Lebensbejahung, des *amor fati* zu erkennen: »Ich beschwöre euch, meine Brüder, *bleibt der Erde treu* und glaubt Denen nicht, welche euch von überirdischen Hoffnungen reden!«[22] Die Wurzel ist nicht einfach nur ein Fundament, auf dem der obere Körper des Stamms ruht, sondern die gleichzeitige Inversion des Aufwärtsdrangs zur Sonne, der Lebensspenderin der Pflanze: Sie verkörpert den »Sinn der Erde«, eine intrinsische Liebe jedes Pflanzenwesens zum Boden. Schon in der fälschlicherweise dem Aristoteles zugeschriebenen Schrift *De plantis* erschien die Verbindung zur Erde als eines der wesentlichen Elemente der Pflanzennatur: »Die Pflanze *liegt auf dem Boden,* ist wie an ihn gefesselt«; und deswegen »braucht sie keinen Schlaf«.[23] Das wäre allerdings nur ein Teil der Wahrheit und hieße zu verkennen, was die Wurzel jeder Pflanze verleiht: ihren hybriden, amphibischen Charakter. Die Wurzel ist nur die Hälfte des paarigen Pflanzenkörpers – die Beziehung zur Erde ist nur eines der beiden Leben jedes Pflanzenorganismus. Und verstehen lässt sie sich nur in Beziehung zur anderen Hälfte: Der Geotropismus ist nur eine der Richtungen eines Schwungs, der kein anderes Ziel kennt als das der Treue zur Erde. Er ist Wirkung und Ergebnis des Heliozentrismus, der das eigentliche Wesen des Pflanzenlebens definiert. Die Pflanze muss in den mineralischen Körper der Erde eindringen, um ihn besser mit dem Feuer zu verbinden, das von beiden Seiten her über ihre Formen und Bewegungen entscheidet.

11

WAS AM TIEFSTEN
IN DER WELT LIEGT,
SIND DIE GESTIRNE

Nur schwer können wir uns die Umwelt der Wurzeln vorstellen. Das Licht dringt kaum so weit vor. Die Töne und Geräusche der oberen Erde sind hier ein dumpfes, andauerndes Vibrieren. Fast alles übrigens, was oben passiert, existiert
und übersetzt sich unter der Erde in Beben und Schwingun-
gen. Das Wasser sickert, wie alles Flüssige aus der oberen
Welt, und will wie alles hier Richtung Erdmitte hinunter. Alles ist in Berührung mit allem, und die langsame Zirkulation der Materien und Säfte lässt alle deutlich über ihre Kör-
pergrenzen hinaus leben. Alles atmet, aber anders als in der
Welt der Luft. Der Atem der Körper muss ja gar nicht durch
die Lungen gehen – überhaupt durch Organe: Jeden Körper
definiert sein Atem, jeder Körper ist ein Hafen, der der Zirkulation der Materie offensteht – innerhalb und außerhalb.
Der Organismus ist nur die Erfindung einer neuen Möglichkeit, sich mit der Welt zu mischen und es der Welt zu erlauben, sich im Inneren zu mischen. Atmen bedeutet hier unten, sich einen tentakulären Körper zu geben, der sich dort
einen Weg bahnen kann, wo er vom Gestein versperrt ist,

Fortsätze und Arme zu mehren, um so viel Erde wie möglich zu umfassen, sich ihr auszusetzen wie das Blatt dem Himmel.

Aktive Organe der kosmischen Mischung sind die Wurzeln nicht nur, weil sie die verschiedenen Elemente der pedologischen Biosphäre, also der unterirdischen Welt, in der sie wohnen, oder die anderen pflanzlichen Organismen miteinander kommunizieren lassen. Ihre Funktion ist vielmehr eine kosmische – ihr Atem umfasst nicht nur die fein verteilten Substanzen, an denen sie gebunden sind, und die dort lebende Fauna, sondern die Bezüge zwischen Erde und Sonne. »Die Pflanze«, schrieb einer der größten Botaniker des vergangenen Jahrhunderts, »spielt die Vermittlerrolle zwischen Sonne und Tierwelt. Die Pflanze, beziehungsweise ihr typischstes Organ, das Chloroplast, ist die Verbindung, die die Aktivität der gesamten organischen Welt – alles dessen, was wir Leben nennen – mit dem Energiezentrum unseres Sonnensystems verbindet: Das ist die kosmische Funktion der Pflanze.«[1] Gerade über die Wurzel kann die Pflanze in diese kosmische Mediation die Erde in ihrer *planetären Dimension* einbinden. Ja, sie dreht sich physisch um die Sonne, aber erst *in* den Pflanzen und *dank* ihnen produziert diese Verbindung Leben, Materie, die stets und in immer neuen Formen existiert. Die Pflanzen sind die metaphysische Transfiguration der Erdrotation um die Sonne, die Schwelle, die ein rein mechanisches Phänomen zu einem metaphysischen Ereignis macht. Mehr noch, sie geben der Sonne eine Wohnstatt auf der Erde: Sie verwandeln den Atem der Sonne – ihre

Energie, ihr Licht, ihre Strahlen – in die konkreten Körper, die die Erde bewohnen, sie machen aus dem lebendigen Leib aller irdischen Organismen eine Sonnenmaterie. Dank der Pflanzen wird die Sonne zur Haut der Erde, ihre äußerste Schicht, und die Erde wird ein Gestirn, das sich von Sonne ernährt, sich aus ihrem Licht konstruiert. Sie verwandeln das Licht in organische Substanz und machen das Leben zu einem prinzipiell solaren Faktum. »Die Natur«, schrieb Julius Mayer Mitte des 19. Jahrhunderts, »hat sich die Aufgabe gestellt, das der Erde zuströmende Licht im Fluge zu haschen und die beweglichste aller Kräfte, in starre Form umgewandelt, aufzuspeichern. Zur Erreichung dieses Zweckes hat sie die Erdkruste mit Organismen überzogen, welche lebend das Sonnenlicht in sich aufnehmen und unter Verwendung dieser Kraft eine fortlaufende Summe chemischer Differenz erzeugen. Diese Organismen sind die *Pflanzen*. Die Pflanzenwelt bildet ein Reservoir, in welchem die flüchtigen Sonnenstrahlen fixirt und zur Nutzniessung geschickt niedergelegt werden«.[2] Die Pflanzen sind gewissermaßen schuld daran, dass der Heliozentrismus vom spekulativen Gelehrtenproblem zur Lebensfrage wird: Durch sie ist und bleibt das Leben die ureigenste Form des Heliozentrismus. Es ist keine Frage der Meinung oder der Wahrheit: Jedes Lebewesen ist nur Wirkung und Ausdruck des Heliozentrismus, der Tatsache, dass alles auf der Erde dank der Sonne existiert. Die Wurzel erlaubt es der Sonne – und dem Leben –, bis ins Mark des Planeten vorzudringen, den Einfluss der Sonne bis in seine tiefsten Schichten voranzutreiben, den verwandelten Körper des Gestirns, das uns hervorbringt, bis in den Mittelpunkt der Erde zu infiltrieren.

»Einst war der Frevel an Gott der größte Frevel, aber Gott starb, und damit starben auch diese Frevelhaften. An der Erde zu freveln ist jetzt das Furchtbarste und die Eingeweide des Unerforschlichen höher zu achten, als den Sinn der Erde!«[3] Es lassen sich wohl kaum Worte finden, die präziser den Geist der neuen Religion zusammenfassen könnten, die die Welt von heute definiert. Die Bindung an die Erde – in ihrer globalen und umweltbezogenen Dimension – ist die Grundlage nicht nur der meisten Praktiken und Theorien der *deep ecology:* Sie ist außerdem der Geist der neuen globalen Politik, die sich seit ein paar Jahrzehnten abzeichnet. Die Erde ist die *einzige* höhere Instanz, in deren Namen es wieder möglich wird, *universelle* Entscheidungen zu treffen, die nicht eine bestimmte Nation oder ein Volk betreffen, sondern die Menschheit insgesamt – uns heute wie künftige Generationen. Dieser Kult und auch Nietzsches Treue zur Erde ist sehr viel weniger neu, als man meinen könnte. Noch einmal: Die personale Gottheit der alten Religionen im Mittelmeerraum durch den Planeten Erde zu ersetzen heißt zu vergessen, was buchstäblich noch sichtbarer ist, noch klarer, leuchtender: die Sonne. Seit sehr langer Zeit definiert der Heliozentrismus das offene Selbstverständnis der Naturwissenschaften, doch das allgemeine Bewusstsein hat er noch längst nicht durchdrungen.

Trotz wiederholter Beweihräucherung und unzähliger

Absichtserklärungen haben weder die Philosophie noch unser gesunder Menschenverstand je vom Glauben an den Geozentrismus abgelassen. Wirklich heliozentristisch waren wir nie: Der Geozentrismus ist die tiefste Seele des westlichen Wissens.[4] Das beweist etwa die Verdrängung der Astrologie seit der Renaissance: Die Moderne identifizierte sich mit dem Ruf der Erde und vergaß die Sterne, was zu der noch elementareren Behauptung führte, die Erde stelle den äußersten Rahmen unseres Lebens und allen Wissens dar. *In-der-Welt-Sein* ist zunächst einmal Auf-der-Erde-Sein, ein Abmessen all dessen, was ist und kommt, ausgehend von den typischen Formen und Figuren unseres Planeten, der uns beherbergen soll. Dann ist die Erde der *definitive* metrische Raum: Die Wissenschaft von Ort und Raum heißt Geometrie, Erdvermessung. Die Erde ist der ultimative Ort, an dem alles sich befinden muss. Existieren kann nur, was die Form der Elemente annimmt, die auf diesem Planeten vorkommen.

Explizit wird diese geometrische Besessenheit in der Phänomenologie Husserls. In einem berühmten Fragment, in der er die Lehre des Kopernikus umzustürzen versucht, zeigt Husserl, inwiefern die Erde kein Gegenstand der Erfahrung ist und sein kann, weil sie deren Grundstruktur ist: »Aber es ist doch alles zunächst auf den Boden aller relativen Bodenkörper, auf den Erdboden bezogen.«[5] Bevor sie Körper wird, ist sie die Tatsache, dass es einen Boden gibt, ein Fundament, von ihm aus *kann* man sich die Welt vorstellen, die Körper, ihre Bewegung und ihre Ruhe: »Erde selbst in der ursprünglichen Vorstellungsgestalt bewegt sich nicht und ruht nicht, in Bezug auf sie haben Ruhe und Bewegung erst Sinn.«[6] Und der westliche Geozentrismus trägt sich offenbar mit einer merkwürdigen Nostalgie für die Welt der Wurzel. Die Erde ist kein Stern und kann keiner sein, sie muss zuerst einmal *Boden* sein: »Für uns alle ist aber die Erde Boden und nicht in vollem Sinne Körper.«[7] Übrigens kann man auch nur deshalb, weil sich die Erde als Boden betrachten lässt, als *Wurzel, Ursprung, universelle Grundlage,* die Einheit der Menschheit behaupten. Jedes Erfahrungsobjekt ist nur »auf die Arche Erdboden und ›Erdkugel‹ relativ und auf uns, die irdischen Menschen, und die Objektivität ist auf die All-menschheit bezogen.«[8] Und nur weil gilt: »Die Erde ist für alle dieselbe Erde, auf ihr, in ihr, über ihr dieselben Körper, auf ihr waltend – ›auf ihr,‹ etc., dieselben leiblichen Subjek-te, Subjekte von Leibern, die für alle Körper sind in einem geänderten Sinne«, kann man auch sagen: »Die Allheit des Wir, der Menschen, der ›Animalien‹ ist in diesem Sinne ir-disch«[9]: »Es gibt nur eine Menschheit und eine Erde – ihr gehören alle Bruchstücke an, die sich ablösen oder je abge-löst haben.«[10]

Wir sehen uns weiterhin durch das Prisma eines fälsch-lich *radikalen* Modells, wir denken das Lebendige und seine Kultur weiterhin aus einem falschen Bild der Wurzeln he-raus (nämlich als etwas vom Rest Isoliertes). Als hätten wir so lange die Wurzel als Vernunft gedacht, dass wir die Ver-nunft selbst und das Denken zu einer blinden Kraft der Ver-wurzelung umgewandelt haben, zu der Fähigkeit, eine kosmische Verbindung mit der Erde herzustellen. In diesem Sinn ist es kein wirklicher Paradigmenwechsel, wenn das Modell vom klassischen Wurzelsystem durch ein Rhizommodell ersetzt wird: Weiterhin erlaubt uns damit das Denken, die Erde und nur die Erde als *Boden* zu denken und zu erklären: »Die Erde ist kein Element unter anderen, sie vereinigt alle Elemente in einer Umfassung, bedient sich aber des einen oder des anderen zur Deterritorialisierung des Territoriums.«[11] Die Treue zur Erde, der extreme Geotropismus unserer Kultur, ihr Wille und ihre Manie der »Radikalität« hat einen sehr hohen Preis: Denn damit widmet man sich der Dunkelheit, entscheidet sich für ein Denken ohne Sonne. Seit Jahrhunderten wäre demnach die Philosophie den Weg der Dunkelheit gegangen.

Der Geozentrismus ist die Falle der falschen Annahme von Immanenz: Eine autonome Erde gibt es nicht. Die Erde ist von der Sonne nicht zu trennen. Auf die Erde zuzugehen, in sie vorzudringen, bedeutet immer, sich zur Sonne zu erheben. Diese doppelte Neigung ist der Uratem unserer Welt, ihr erster Dynamismus. Und genau diese Neigung belebt und strukturiert das Leben der Pflanzen und die Existenz der Gestirne: Es gibt keine Erde, die nicht intrinsisch mit der Sonne verbunden wäre, es gibt keine Sonne, die nicht die oberflächliche und unterirdische Belebung der Erde möglich machte. Dem schlafwandlerischen, nachtgeweihten Realismus der modernen und postmodernen Philosophie müsste man einen neuen Heliozentrismus entgegenstellen, ja besser noch eine Extremisierung der Astrologie. Es geht dabei nicht oder zumindest nicht einfach nur um die Behauptung, dass die Gestirne uns beeinflussen, dass sie unser Leben steuern, sondern darum, dieser Erkenntnis gleich hinzuzufügen, dass auch wir die Gestirne beeinflussen, denn die Erde selbst ist nur ein Gestirn unter den anderen, und alles, was auf ihr (und in ihr) lebt, besitzt die Natur der *Gestirne*. Es gibt überall nur Himmel, und die Erde ist ein Teil davon, ein partieller Aggregatzustand.

»Inmitten alles dessen aber thront die Sonne. Wer denn wollte in diesem wunderschönen Heiligtum diese Leuchte an einen anderen, besseren Ort setzen als den, von wo aus sie das Ganze gleichzeitig erhellen kann? Zumal doch bestimmte Leute sie durchaus zutreffend ›Lampe der Welt‹, andere ihren ›Sinn‹, andere ihren ›Lenker‹ nennen. Trismegistos (nennt sie) ›sichtbaren Gott‹, die Elektra des Sophokles die ›Alles-Schauende‹. So wirklich, wie auf königlichem Thron sitzend, lenkt die Sonne die um sie herum tätige Sternfamilie. (…) Es empfängt unterdessen Erde von der Sonne und geht schwanger in jährlicher Geburt. Wir finden also unter dieser Reihung bewundernswertes Ebenmaß der Welt und festes Band der Eintracht zwischen Bewegung und Größe der Kreise, wie es auf andere Weise gefunden werden nicht kann.«[12]

Mit diesen Worten versuchte Kopernikus, unseren Bezug zur Welt zu revolutionieren. Dabei ging es ihm nicht allein um die Behauptung von der Zentralität der Sonne. Die Sonne an einen Ort *inmitten alles anderen* zu setzen bedeutete,

mehrere kognitive und metaphysische Verschiebungen vor-
zunehmen.

Zu postulieren, im Zentrum des Universums stehe die
Sonne, bedeutet, zuallererst die *Bewegung zu universalisie-
ren.* Die Erde *muss sich* um die Sonne *drehen,* um existieren
zu können: Ihre gesamte Wirklichkeit muss von dieser nie
endenden Quelle von Licht und Energie her verstanden und
beobachtet werden. Der Kern unserer Welt ist nicht ein sta-
biler, dauerhaft fixer Punkt, sondern eine Art andauerndes
Energiebrodeln, zu dem wir nur über die Bewegung Zugang
haben, deren Ursache wiederum die Sonne selbst ist. Alles
existiert dank dieser Quelle. Umgekehrt sind unser Körper,
die Felsen, Steine, die Tiere der äußerste Punkt des Him-
mels. Unser Weltenherz ist die Sonne, ein kosmischer Golf,
der produziert und ausstrahlt, wofür unsere Körper zugleich
Empfänger, Archiv und Spiegel sind. Schon Essen heißt, mit
seinem Handeln die Zentralität der *Sonne* und ihrer Energie anzuerkennen, auf der Erde einen indirekten Bezug zu
ihr zu suchen: *Jede* organische Verbindung ist direkt oder
indirekt ein Ergebnis vom Einfluss der Sonnenenergie, die
von den Pflanzen eingefangen und in organische Masse, in
lebendige Materie umgewandelt wurde. Jedes Mal, wenn wir
essen, versuchen wir, unsere Unfähigkeit auszugleichen, diese Energie, die die Pflanzen ausbeuten, unmittelbar zu absorbieren. Unser Körper ist nur das Archiv dessen, was die
Sonne der Erde schenkt.

Zu behaupten, die Erde drehe sich um die Sonne, bedeutet zweitens, die ontologische Trennung zwischen irdischem,

menschlichem Raum und himmlischem, nichtmenschlichem Raum zu negieren und damit die Vorstellung vom *Himmel* an sich zu verändern. Der Himmel ist nicht mehr eine zufällige Atmosphäre, die den Boden umhüllt, sondern er ist die einzige Substanz des Universums, die Natur alles Existierenden. Der Himmel ist nicht das, was oben ist. Der Himmel ist überall: Er ist Raum und Wirklichkeit der Mischung und der Bewegung, äußerster Rahmen, von dem aus alles sich abzeichnen muss. Es gibt nur Himmel, überall, und alles, selbst unser Planet und das, was er beherbergt, ist nur ein kondensiertes Stück dieser unendlichen, universellen Himmelsmaterie. Alles, was passiert, ist ein himmlisches Ereignis, alles, was geschieht, ist ein göttliches Faktum. Gott ist nicht mehr anderswo, er fällt zusammen mit der Wirklichkeit der Formen und Zufälle. Die Pflanzen haben das Leben zu einer ewigen Hingabe an den Himmel gemacht, an das, was dort geschieht, und bleiben dabei doch fest in der Erde verwurzelt. Das heißt, dank der Pflanzen ist das Leben nicht ein rein *chemisches* Faktum, sondern auch und vor allem ein *astrologisches*.

Zu behaupten, es bestehe eine *materielle* Kontinuität zwischen der Erde und dem Rest des Universums, bedeutet, die Vorstellung von der Erde an sich zu verändern. Die Erde ist ein Himmelskörper, und alles ist Himmel in ihr.[13] Die menschliche Welt ist nicht die Ausnahme von einem nichtmenschlichen Universum; unsere Existenz, unsere Taten, unsere Kultur, unsere Sprache, unser Äußeres sind rundum *himmlisch*. Die *astrale* Natur der Erde anzuerkennen bedeutet, die Astrologie – die Wissenschaft von den Gestirnen – nicht zu einer lokalen Wissenschaft zu machen, sondern zur *globalen, universellen Wissenschaft,* um sie desto besser umkehren zu können: Es geht nicht mehr darum, welchen Einfluss die Gestirne auf uns haben – ihre Herrschaft –, sondern darum, den Himmel als Raum des Fließens und der Einflüsse zu verstehen. Nicht nur sind Biologie, Geologie, Theologie lediglich Teilfächer der Astrologie, sondern die Astrologie wird außerdem eine Wissenschaft der Kontingenz, des Unvorhergesehenen, der Irregularität. Der Himmel ist nicht der Ort des immer Gleichen.

Der astrologische Universalismus impliziert damit, dass selbst die Vorstellung von einer absoluten Immanenz aufgehoben wird, und behauptet vielmehr etwas wie ein unendliches Treiben, wo jeder Körper, jedes Wesen sich nicht mehr irgendwo verankern lässt, wo es also *keinen Boden* mehr gibt, kein stabiles Fundament, keinen *Grund.* Die letzte Quelle unserer Existenz ist der Himmel. Die Erde und ihre Ausdehnung sind nicht Fundament, universelles Substrat unserer Existenz, sondern tatsächlich ihre äußerste Oberfläche, die äußerste, weniger substanzielle Projektionsfläche des Universums der Wirklichkeit: Die Tiefe sind die Gestirne; Erde und Himmel dagegen sind die unendliche Fortsetzung unserer Haut. Diese Aufhebung der traditionellen Vorstellung vom Boden lässt uns auch den üblichen Rahmen der Ökologie überschreiten. Seit jeher betrachtet die Ökologie immer und ausschließlich die Umwelt als Lebensraum, als Boden, der beherbergt und aufnimmt: Sie macht die Welt zu einem universalisierten Gedanken der Bewohnbarkeit. Und wegen ihres Begriffs von der Welt als Boden, als Wohnraum und Bewohnbarkeit kann sie das Zusammenleben der Lebewesen als *geordnetes, normiertes* Ensemble betrachten. Anzuerkennen oder sich bewusst zu machen, dass die Erde ein astraler Raum ist, bedeutet anzuerkennen, dass es auch *Unbewohnbares* gibt, dass der Raum nie endgültig bewohnbar sein wird.[14] Man durchquert, man durchdringt einen Raum, man mischt sich mit der Welt, aber fest einrichten kann man sich dort nie. Jede Behausung tendiert zur Unbewohnbarkeit, wird *Himmel* und nicht Haus. Das beweist die Wurzel – wenngleich die Normalsprache sie ausgerechnet als vollkommenstes Beispiel fürs Wohnen betrachtet: Sie ist nur das äußerste Ende einer Maschine, die die Erde an den Himmel bindet, die List, über die sich die Erde bis in ihren Mittelpunkt hinein in ein Himmelsgestirn umwandeln lässt.

Die Erde zum Himmelskörper zu machen bedeutet, die Tatsache, dass sie unseren Lebensraum darstellt, wieder zum Zufall zu machen. Sie ist nicht per Definition bewohnbar, genauso wenig wie die meisten anderen Gestirne. Der Kosmos ist nicht an sich bewohnbar – er ist kein *oikos* –, er ist ein *ouranos:* Die Ökologie, die die Erde zur Wohnstatt macht, ist nur eine Auflehnen gegen diese Himmelsmacht des Uranos.

IV

THEORIE DER BLÜTE –
DIE FORMEN
DER VERNUNFT

12

BLÜTEN

Sich an die Erdoberfläche heften, um Luft und Boden zu durchdringen. Sich an einen zufälligen Punkt binden, um sich dann allem auszusetzen und zu öffnen, was in der Umwelt ist, ohne Unterscheidung von Form und Natur. Sich nie vom Fleck bewegen, um die Welt besser in sich eindringen zu lassen. Nie müde werden, Kanäle zu bauen, Spalten zu öffnen, damit die Welt nach innen fallen, gleiten, sickern kann. Für sesshafte Wesen wie die Pflanzen kann die Begegnung mit dem Anderen – und zwar mit egal welchem Anderen – nie einfach nur eine Frage des Wartens und des Zufalls sein. Da, wo keine Bewegung, keine Handlung, keine Entscheidung möglich ist, wird die Begegnung mit jemand oder etwas anderem ausschließlich durch die Metamorphose des Selbst möglich. Erst innerhalb seiner selbst kann das Wesen ohne Bewegung der Welt begegnen. Es gibt keine Geografie, es gibt keinen Zwischen-Raum, der den Körper des einen und des anderen aufnehmen und die Bewegung ermöglichen könnte. Jedes sesshafte Wesen muss sich für die Welt zur Welt machen, muss in sich den paradoxen Ort eines Milieus für die Welt an sich einrichten. Zudem gibt sich die Welt gegenüber einem sesshaften Wesen nicht als Vielfalt von Substanzen zu erkennen, die durch berührbare, musterbare Konturen voneinander getrennt sind, sondern sie ist nur eine einzige Substanz von variabler Intensität und Dichte. Unterscheiden heißt, dieses andauernde Fließen der Essenz der Dinge zu filtern, zu destillieren, es in ein Bild zu fassen. Die Welt in ihrer Tiefe *wahrzunehmen* heißt, von ihr berührt, durchdrungen zu werden, bis man selbst dadurch verändert, modifiziert wird. Für ein sesshaftes Wesen fällt das Erkennen der Welt immer zusammen mit einer Abwandlung der eigenen Form – eine von außen verursachte Metamorphose. Genau das heißt Sexualität: die erhabenste Form der Sensibilität, die einen den anderen begreifen lässt in dem Moment, in dem der andere unsere Daseinsform verändert und uns zwingt weiterzugehen, uns zu verändern, *anders zu werden*. Die Blüte ist der Fortsatz, über den die Pflanzen – oder genauer gesagt die am weitesten entwickelten von ihnen, die Bedecktsamer – diesen Prozess des Absorbierens, des Einfangens der Welt vollführen können. Sie ist ein *kosmischer Attraktor,* ein vergänglicher, instabiler Körper, der es möglich macht, die Welt wahrzunehmen – also zu absorbieren – und die wertvollsten Formen daraus herauszufiltern, um sich davon modifizieren zu lassen, um das Dasein da fortzusetzen, wo die eigene Form einen nicht hinbringen könnte.[1]

Zunächst einmal ist sie ein *Attraktor:* Statt auf die Welt zuzugehen, lockt sie die Welt zu sich. Dank der Blüten ist das Pflanzenleben ein Ort unerhörter Farb- und Formenexplosion – der Eroberung des Reichs der Äußerlichkeit. In der Blüte verschmelzen Sexualität, Formen und Aussehen. Damit sind Formen und Aussehen von jeder expressiven oder identitären Logik befreit: Sie sollen weder eine individuelle Wahrheit ausdrücken noch eine Wesensart definieren noch ein Wesen kommunizieren. »Der Strukturmodus der Pflanze hat auch etwas rein Demonstratives und steht in keinerlei Verhältnis zu seinem Nutzen.«[2] Form und Aussehen sollen nicht Sinn oder Inhalt kommunizieren, sie sollen verschiedene Wesen kommunizieren lassen – verschieden nicht nur in der Anzahl (männliche und weibliche Form derselben Art), sondern auch in Art, Klasse, ontologischem Reich (Pflanzen mit Insekten, Hunden, Menschen …). In der Blüte ist die Form die Verbindungswerkstatt, der Raum, in dem sich das Verschiedene mischt.

Unter den Fortpflanzungsarten zeichnet sich die geschlechtliche Reproduktion dadurch aus, dass sie den Teilungs- und Vermehrungsprozess eines einzelnen Individuums zu einem kollektiven Prozess des Erfindens immer neuer Formen macht. In der Blüte ist die Fortpflanzung nicht länger ein Instrument des individuellen oder artengebundenen Narzissmus, sondern wird zur Ökologie der Kondensierung und der Mischung, weil das Individuum Welt *macht* und das neue Individuum von der ganzen Welt geboren wird. Der Bezug zwischen den Individuen derselben Art braucht den Bezug zu anderen Individuen anderer Reiche. Nicht nur hat der Geschlechtsakt nichts Privates oder Verborgenes (genau das bedeutet der Begriff Phanerogame für die Blütenpflanzen), sondern um einen Geschlechtsakt zu vollziehen, muss man den Weg über die Welt gehen: Nichts ist weltlicher, kosmischer als die Sexualität. Die Begegnung mit dem anderen ist immer notwendigerweise eine Vereinigung mit der Welt in ihrer Vielfalt von Formen, Zustand, Substanz. Es ist unmöglich, sich in einer Identität von Geschlecht, Art oder Reich einzusperren. So ist ja auch die Sexualität die ursprünglichste Form der Identitätsauflösung.

In diesem Sinne widerlegen das Vorhandensein und die biologische und ökologische Bedeutung der Blüten jeden Ansatz, der die kosmische Funktion der Pflanzen auf eine einfache Frage der Energieproduktion oder der Umwandlung von Energie in Masse beschränken würde. Die evolutive Entscheidung für die Blüte ist die Entscheidung für den Primat der Form und ihrer Variationen über alles Übrige.[3] Kosmologie ist immer Kosmetik, sie kann sich nur über eine Formenvielfalt konstituieren:[4] Gleichgewicht und Energieflüsse reichen nicht aus, um einen Kosmos zu bilden. Die Mischung – und die Sexualität ist für alles Lebendige vielleicht deren universellste Form – ist immer eine Kraft der Formenvermehrung und -variation, kein Mechanismus zu ihrer Reduzierung.

Die Blüte ist das aktive Werkzeug der Mischung: Jede Begegnung, jede Vereinigung mit anderen Individuen geht über sie. Dabei ist eine Blüte nicht eigentlich ein Organ: Sie ist ein Aggregat verschiedener Organe, die sich so verändert haben, dass die Fortpflanzung möglich wird. Es besteht eine grundlegende Verbindung zwischen der Vergänglichkeit, der Instabilität dieser Formation und der Übertretung des eigentlich »organischen« Rahmens. Als Raum der Entwicklung, der Produktion und der Zeugung neuer individueller und artenbildender Identitäten ist die Blüte eine Vorrichtung, die die Logik des individuellen Organismus umkehrt: Sie ist die letzte Schwelle, an der sich Individuum und Art den Möglichkeiten der Mutation, der Veränderung, des Todes öffnen. In der Blüte wird die Gesamtheit des Organismus und der Art im Verlauf der Meiose zugleich zerlegt und neu zusammengesetzt. Die Blüten sind damit ein Ort jenseits der Totalität, jenseits des ›Alle für Einen‹. Das kommt auch in ihrer Anzahl zum Ausdruck: Während die höheren Tiere stabile, einmalige Fortpflanzungsorgane besitzen, baut sich die Pflanze ihre Reproduktionsfortsätze *in unüberschaubaren Mengen* und stößt sie auch schnell wieder ab. Schon wegen dieses Exzesses – der seinerseits einen weiteren Exzess verursacht, nämlich den der Massen von (belebten oder unbelebten) Bestäubern – lässt sich Pflanzensex kaum auf eine einfache Strategie zur Selbstduplizierung reduzieren. Und auch aus weiteren Gründen kann das Hauptinstrument der Pflanzenreproduktion nicht als einfache subjektive Erscheinung gelten. Die Stoiker stellten sich vor, jedes Lebewesen würde direkt nach seiner Geburt sich selbst wahrnehmen und sich auf der Grundlage dieser Wahrnehmung sich selbst aneignen, sich an sich selbst gewöhnen. Diesen Prozess der Aneignung und des Vertrautwerdens nannten sie *oikeiosis – die Zueignung, das Zueigenwerden des Lebenden.* »Man muss wissen«, schrieb Hierokles, »dass ein Tier, sobald es geboren ist, sich selbst wahrnimmt«[5] und »nach der ersten Wahrnehmung seiner selbst unmittelbar vertraut wird mit sich selbst und seiner eigenen Struktur«.[6] Die Blüte weist sehr häufig einen umgekehrten Mechanismus auf: den der Selbstenteignung, der Fremdwerdung von sich selbst. Genau das geschieht bei der Befruchtung. Die meisten zweigeschlechtigen Blüten entwickeln ein System der Autoimmunisierung, um die Selbstbefruchtung zu vermeiden, eine Abwehr gegen sich selbst, um sich der Welt desto besser öffnen zu können.[7]

Dass eine Blüte nicht als einfaches Organ betrachtet werden kann, liegt vor allem daran, dass sie Produktionsort des künftigen Organismus ist und daher sämtlicher Organe, aus denen ein Körper sich zusammensetzt. Wegen der gebetsmühlenartigen Wiederholung, dass die Lebewesen *organische* Wesen sind, wird häufig vergessen, dass jeder Organismus auch in einem metaorganischen Rahmen steht, dem nämlich, der den Bau aller Organe erlaubt, aus denen er sich zusammensetzt. Die Blüte (und der Samen) ist in dieser Hinsicht das Organ der Organe, nicht nur weil sie die originäre Werkstatt einrichtet, aus der heraus der Organbau gleichzeitig geplant und umgesetzt wird, sondern auch, weil sie dafür die aktuelle Identität des Organismus auf einen einfachen Code herunterbrechen muss, eine gekürzte, umgestaltete Skizze, die auf die Hälfte reduziert ist, ein aktives Bild, das sämtliche technischen und materiellen Prozeduren enthält, die zur Produktion neuer Individuen notwendig sind. Sie ist an sich der vollkommene Ausdruck für den vollständigen Zusammenfall von Leben und Technik, Materie und Vorstellungskraft, Geist und Ausdehnung.

13

VERNUNFT
IST SEXUALITÄT

Über Jahrhunderte galten die Pflanzen als Ort, an dem die Materie von einer Art transzendentalen Vorstellungskraft animiert wird: nicht von einer persönlichen Befähigung, die ungreifbare Realität der Psyche zu gestalten, sondern eher einer elastischen Kraft, die ganz unmittelbar die Weltmaterie modelliert. Die »Pflanzenseele« wäre demnach nicht etwa ein Leben ohne Imagination, sondern das Leben, dessen Vorstellungskraft sich auf den gesamten Körper des Organismus auswirkt, ihm sogar seine Form gibt; ein Leben, dessen Materie ein Traum ohne Bewusstsein ist, eine Fantasie, die weder Organe noch Subjekte braucht, um sich zu erfüllen.

Jede Pflanze erfindet und eröffnet, so scheint es, einen kosmischen Plan, in dem kein Gegensatz besteht zwischen Materie und Fantasie, zwischen Vorstellung und Selbstentwicklung. Der Gedanke von einer Sphäre absoluter Kongruenz von Körper und Bewusstsein, von Bild und Materie, war der Biologie nie fremd; seine moderne Ausformulierung ist der Genbegriff.[1] Sehr verbreitet war er in der Philosophie und Medizin der Renaissance. In seiner radikalsten

Form inspirierte er William Harvey in seinen Überlegungen über die Zeugung des Lebendigen, Johannes Marcus Marci de Cronland[2] oder Peder Sørensen[3] über die *semina* sowie Francis Glisson über die natürliche Wahrnehmung.[4] Um ihn in einer relativ verbreiteten Analogie auszudrücken: Der Zeugungsprozess des Lebendigen (die Empfängnis des Lebendigen, die im Uterus stattfindet, die *conceptio uteri)* wird hier als vollkommen analog zur Arbeitsweise des Gehirns *(conceptio cerebri)* gedacht. Die Materie der Welt wird in der Pflanze (oder im vegetativen Leben alles Lebendigen) zum Gehirn, wo sie als solches arbeitet.[5] Anders gesagt: Es gibt ein materielles, aber nicht neuronales Gehirn, einen Geist, der der organischen Materie an sich innewohnt. Durch das Leben kann die Materie Geist werden – indem sie zu leben beginnt. Die ersichtlichste Manifestation dieser elementaren Form der »Zerebralität« verkörpert der Samen. Die Vorgänge, zu denen der Samen in der Lage ist, lassen sich nur erklären, wenn man annimmt, dass er mit einer Form des Wissens ausgestattet ist, einer Kenntnis, einem Aktionsprogramm, einem *pattern*, das nicht existiert wie ein Bewusstsein, das es ihm aber möglich macht, alles, was er tut, fehlerfrei auszuführen.[6] Während das Bewusstsein beim Menschen oder beim Tier ein akzidentelles, vergängliches Faktum ist, fällt im Samen (und man könnte sagen auch im Gencode) das Wissen mit dem Wesen zusammen, dem Leben, mit Kraft und Tat an sich.[7] Die Gene sind das Gehirn der Materie, sein Geist. Und tatsächlich kann man einen Samen als Gehirn betrachten, denn das Gehirn ist eine Form von Samen. Interessant sind diese spekulativen Analogien deshalb, weil sie zu einer nicht anatomischen Definition des Gehirns führen: Das Gehirn ist kein menschliches Organ, es ist überhaupt kein Organ, sondern ein Merkmal der Materie, das Wissen und Bewusstsein birgt. Im Grunde geht es darum, die Bedeutung der Begriffe Wissen und Denken zu erweitern, und zwar in entgegengesetzter Richtung zum Aristotelismus; also nicht den Intellekt zu einem separaten Organ zu machen, sondern ihn mit der Materie völlig kongruent werden zu lassen.

Als erster formulierte diese Hypothese Francis Glisson, und das in aller Radikalität bis hin zu seinem Postulat, das gesamte Universum sei beseelt. Laut Glisson ist die Materie an sich zu definieren als eine Art natürliche, ursprüngliche Affektivität *(perceptio naturalis),* die getrennt und unterschieden ist von Wahrnehmung oder Erfahrung, weil sie unfähig zum Irrtum ist. Diese radikale Affektivität ist die unmittelbare Aktion des substanziellen Lebens *(immediatam actionem vitae substantialis).* Was die Materie wahrnimmt, ist also die Form des Lebendigen selbst. Das Beispiel für diese elementare Sensibilität ist das Weizenkorn, das bereits die Form der Pflanze wahrnehmen kann, die sich aus ihm entwickeln wird.[8] Als könnte im Samen das Lebendige sich selbst wahrnehmen. In diesem Sinn ist in der Vorstellungskraft kein Raum für Selbstbestimmung: Es ist unmöglich, sich vom betrachteten Gegenstand zu lösen, die natürliche Wahrnehmung ist eine Affektivität ohne Souveränität.[9] Die Form des Organismus, der ein Objekt der Wahrnehmung ist, steht nicht der Entscheidung oder der Beurteilung zur Disposition: Die natürliche Wahrnehmung wählt ihre Objekte nicht aus, sie wägt nicht ab. In der Immanenz des Samens ist die Form nicht mehr ästhetisches oder materielles Faktum, sondern Zeugnis einer unterirdischen Psyche, einer unbewussten, materiellen Psychologie. Wo es eine Form gibt, gibt es auch einen Geist, der die Materie strukturiert, das heißt, die Materie existiert und lebt als Geist. Das Pflanzenleben ist nie ein rein biologisches Faktum: Sie ist Ort der Ununterscheidbarkeit von Biologie und Kultur, von Materie und Kultur, von Logos und Ausdehnung.

»Will man die Blume außer ihrem Geschlechtsverhältniß mit einem Organ im Thiere vergleichen«, so schreibt Lorenz Oken in seinem monumentalen *Lehrbuch der Naturphilosophie,* »so kann es nur mit dem höchsten Nervenorgan seyn. Die Blume ist das Hirn der Pflanzen, das Entsprechende des Lichts, welches aber hier auf der Geschlechtsstuffe stehen bleibt. Man kann sagen, was in der Pflanze Geschlecht ist, wird im Thier zum Hirn, oder das Hirn ist nur das animale Geschlecht.«[10] Diese Ansicht des genialen Schelling- und Goethe-Schülers ist alles andere als paradox; man könnte sogar sagen, dass sie nur die Verallgemeinerung und Radikalisierung der alten stoischen These darstellt, derzufolge die Vernunft *(logos)* die Form des Samens hat. Wenn man die Vernunft als Samen dachte, konnte man sie von der menschlichen Gestalt lösen und sie zu einer *kosmischen, natürlichen* Fähigkeit machen (die in der physischen Welt existiert und nicht im Körper des Menschen und die zugleich mit dem natürlichen Lauf der Dinge zusammenfällt) – der Fähigkeit, Materie zu gestalten: Die Vernunft ist das, was allem Existierenden Form gibt; nach festgelegten Regeln steuert sie *von innen heraus* die Welt und ihr Werden. Die Vernunft als Blüte zu denken – oder umgekehrt die Blüte als paradigmatische Existenzform der Vernunft –, heißt also, in ihr die kosmische Fähigkeit zur Formenvariation zu sehen. Damit ist das Denken nicht mehr die Kraft, die dem Wirklichen Identität gibt, die ein für alle Mal sein Schicksal bestimmt, sondern umgekehrt der Berührungspunkt mit dem Rest des Kosmos, der metaphysische Raum, an dem es sich mit der Welt mischt und sich von der Mischung beeinflussen lässt, die Ablenkungskraft, die die Uridentität eines Wesens verwandelt. Die Vernunft – die Blüte des Kosmos – ist eine Kraft, um die Welt zu vervielfachen. Sie gibt nie das Existierende sich selbst zurück, seiner numerischen Einheit, seiner Geschichte, seiner Abstammung, sondern sie vervielfacht die Körper, schafft neue Möglichkeiten, stellt das Vergangene auf null zurück, öffnet den Raum für eine unvorstellbare Zukunft. Die Blüten-Vernunft führt nicht das Vielfache der Erfahrung auf ein einfaches Ich zurück, sie reduziert nicht die Meinungsverschiedenheit auf die Einheit eines Subjekts; sondern sie vervielfacht und differenziert die Subjekte, macht die Erfahrungen unvergleichbar und unvereinbar. Die Vernunft ist nicht mehr die Wirklichkeit des Identischen, des Unumstößlichen, des Selben; sie ist die Kraft und die Struktur, die jedes Ding zwingt, sich in der Unähnlichkeit mit seinesgleichen zu vermengen, um das eigene Gesicht zu verändern: Sie ist die Kraft, die es der Welt und den zufälligen Begegnungen überlässt, von innen heraus das Gesicht ihrer Einzelteile neu zu entwerfen.

Die Vernunft ist eine Blüte: Man brauchte gar nicht auf den Menschen oder auf die höheren Tiere zu warten, um die technische Kraft der Gestaltung von Materie zur individuellen Fähigkeit werden zu lassen. Schon die Pflanzen haben diese Kraft bezwungen und lassen sie im Rhythmus des Lebens und seiner Generationen schwingen. Durch sie ist das Leben zum Vernunftraum schlechthin geworden; dank der Pflanzen sind Welt und Leben völlig kongruent.

Die Vernunft ist eine Blüte: Man könnte diese Gleichung in der Aussage fassen, dass alles, was rational ist, sexuell ist, und alles, was sexuell ist, rational. Rationalität ist eine Frage der Formen, aber jede Form ist Ergebnis eines Vermengens, einer Mischung, die eine Variante hervorbringt, eine Veränderung. Umgekehrt ist die Sexualität nicht mehr die morbide Sphäre des Subrationalen, Ort der trüben, unscharfen Affekte. Sie ist Struktur und Gesamtheit der Begegnungen mit der Welt, die es jedem Ding erlauben, sich vom anderen berühren zu lassen, in der eigenen Evolution voranzukommen, sich neu zu erfinden, anders zu werden bei aller Ähnlichkeit. Die Sexualität ist kein rein biologisches Faktum, kein Schwung des Lebens als solches, sondern eine *Bewegung des Kosmos* in seiner Gesamtheit: Sie ist nicht eine optimierte Reproduktionstechnik des Lebendigen, sondern der Beweis, dass das Leben nur der Prozess ist, über den die Welt ihre Existenz verlängern und erneuern kann, aber nur, indem sie neue Mischungsformeln aufstellt und erfindet. In der Sexualität betätigen sich die Lebewesen als kosmische Umwälzkräfte, und die Mischung wird zum Mittel der Erneuerung für Wesen und Identitäten.

Die Vernunft ist eine Blüte: Die Vernunft ist nicht und wird nie ein Organ mit klar definierten, stabilen Formen sein. Sie ist ein Organverband, eine Fortsatzstruktur, die den gesamten Organismus und seine Logik zur Diskussion stellt. Sie ist vor allem eine vergängliche, saisonale Struktur, deren Existenz vom Klima abhängt, von der Atmosphäre, von der Welt, in der man ist. Sie ist Risiko, Erfindung, Experiment.

Die Blüte ist die paradigmatische Form der Rationalität: Denken heißt immer, sich in die Sphäre der Äußerlichkeiten zu begeben, nicht um eine verborgene Innerlichkeit auszudrücken, nicht um zu sprechen, etwas zu sagen, sondern um verschiedene Wesen kommunizieren zu lassen. Die Vernunft ist nur diese Vielfalt in den kosmischen Attraktionsstrukturen, die es den Wesen erlauben aufeinanderzutreffen, die Welt wahrzunehmen und zu absorbieren, und der Welt ermöglichen, ganz und gar in allen Organismen zu sein, die sie bewohnen.

V

EPILOG

14

VON DER UNIVERSELLEN
MISCHUNG

Seit einiger Zeit herrscht in der Republik der Wissenschaften ein sehr strenger Verhaltenskodex: Dieser ungeschriebenen goldenen Regel zufolge fällt jeder Gegenstand in genau eine passende Disziplin, und umgekehrt hat jede Disziplin eine *definierte* und *begrenzte* Anzahl von Gegenständen und Fragestellungen, mit denen sie sich beschäftigen darf. Wie jede Form der Disziplin ist auch diese Regel in ihrem Wesen und vor allem in ihrer Zielsetzung *moralisch* besetzt und nicht etwa erkenntnistheoretisch: Sie dient dazu, den Wissensdrang zu bändigen, Exzesse zu bestrafen, sie nicht von außen her im Zaum zu halten, sondern aus dem Subjekt heraus. Die sogenannte *Spezialisierung* beinhaltet eine *Arbeit an sich selbst,* eine kognitive und sentimentale Erziehung, die im Verborgenen wirkt oder häufiger noch vergessen und verdrängt wird. Diese kognitive Askese ist alles andere als natürlich, sondern vielmehr labiles, ungewisses Ergebnis langer und harter Bemühungen, vergiftete Frucht einer spirituellen Selbstdisziplinierung, einer dauerhaften Kastration der eigenen Neugier. Die Spezialisierung definiert keinen Wissensexzess, sondern einen bewussten, absichtlichen

Verzicht auf das Wissen der »anderen«. Sie ist nicht Ausdruck einer übermäßigen Neugierde für einen Gegenstand, sondern skrupulöser Respekt eines kognitiven Tabus. Und jede Aufforderung, die Aufteilung der verschiedenen Wissensgebiete der Menschheit in Disziplinen als *ontologisch* und *formal* gegeben zu betrachten, ist Ausdruck einer kognitiven Kaschrut-Regel: »Du sollst als unrein betrachten jedes Wissensgebiet, das nicht demselben Gegenstand und derselben Methode zugehört wie deines.«

Diese Tabus sind weder neu[1] noch spezifisch modern. Durchgesetzt wurden sie vor Jahrhunderten, schon mit der Gründung der Universitäten – im Mittelalter. Im Grunde stehen sie für das Wesen der Universität schlechthin. Gegen das Ideal einer globalen, multidisziplinären, enzyklopädischen Bildung (die *enkyklios paideia* der Antike[2]) entstand die Universität: angeblich aus der Notwendigkeit, die freien Künste – die aus der Antike ererbten *artes liberales*, die jetzt als ungenügend galten – durch andere Wissensgebiete zu ergänzen, insbesondere durch Recht, Medizin und vor allem Theologie. Diese Wissensgebiete haben nicht mehr die Gesamtheit im Blick und setzen sich nicht mehr zu einer harmonischen, einheitlichen Gesamtstruktur zusammen. Sie teilen die Disziplinen in existenziell getrennte, inkompatible Fächer ein: Der Jurist kann nicht Theologe werden, und der Theologe darf nie Jurist werden. Lange bestand für einen Gelehrten die souveräne Geste par excellence darin, sich die unterschiedlichsten Wissenszweige anzueignen und mit dem eigenen Bewusstsein ihre Einheit zu ermessen: Das

Subjekt des Wissens – das *ich* im *cogito* – blieb immer Sieger über die Grenzen der Disziplinen, denn es konnte seinen Blick immer sehr viel weiter schweifen lassen als jede einzelne von ihnen. Mit der Universität dagegen soll das Subjekt von Wissen und Denken (das *ich* im *cogito*) seine kognitive Subjektivität – sein intellektuelles Wesen, seine *res cogitans* – mit den Grenzen einer Disziplin oder eines Gegenstands in Deckung bringen.

Diese epistemologische Beschneidung entspricht einer *sozialen* oder soziologischen Eingrenzung. Die Entstehung der Universität geht nicht mit dem Aufkommen neuer Wissensgebiete oder einer neuen Organisation des Wissens einher, sondern mit der Aufstellung einer neuen *Organisation der Gelehrten*. Mit den mittelalterlichen Universitäten sind Produktion und Tradierung des Wissens erstmals Frucht einer Korporation: *universitas* bezeichnet als Fachwort eine *Zunft*. Damit ist erstmals eine Korporation nicht mehr ein Verband mit Bezug zu einem Beruf, einem politischen Ziel, einer ethnischen Herkunft, sondern zu einem Wissen: Sie vereint Menschen um dasselbe Wissen, es handelt sich um eine epistemologische Korporation. Wissen heißt, einer Zunft anzugehören. Der kognitive Akt wird damit durch eine juristische Bindung begründet und eine politische Zugehörigkeit, das Ideal des *bios theoretikos* wird unmittelbar und zwangsläufig mit *socii* geteilt. Der Bezug zwischen den unterschiedlichen Wissensobjekten definiert sich damit über den rechtlichen und sozialen Bezug zwischen den verschiedenen Wissenszünften. Und die kognitiven Grenzen einer

Disziplin entsprechen der Selbstsicht der Zunft: Epistemologische Identität, Realität, Einheit und Autonomie dieser Disziplin sind nur noch Nebenwirkungen der Abgrenzung, der Einheit und der Macht des Gelehrten-*collegium*, das sie beherrscht. Die Spezialisierung ist die epistemologische Umsetzung eines korporatistischen Wissensideals – weil sich die Gelehrten zu einer rechtlich geschlossenen Gemeinschaft zusammengeschlossen haben. Was wir Disziplinen oder Wissenschaften nennen, sind eigentlich nur die Schatten der Universitätszünfte.[3] Und die Epistemologie ist nur noch das – zwangsläufig zum Scheitern verurteilte – Bemühen, ein System von Verboten in wissenschaftliche Sprache umzusetzen, obwohl diese Verbote rein sozialen Ursprungs und moralischer Natur sind.

Dinge und Ideen sind längst nicht so diszipliniert wie die Menschen: Sie vermischen sich, ohne sich um Verbote und Regeln zu kümmern; sie zirkulieren frei, ohne die Erlaubnis der Kollegen abzuwarten; sie strukturieren sich nach Formen und Kräften, die den Gestaltungskräften des Sozialkörpers nie gleich sind. Es wäre illusorisch, etwas anderes zu hoffen. Genau diese Autonomie übrigens macht überhaupt erst möglich, was man seit Jahrhunderten Philosophie nennt: ein Bezug zu Ideen und Kenntnissen, der durch keine Disziplin und keine Norm beeinflusst wird und keine andere Grundlage hat als ein blindes, ungeordnetes Verlangen ohne Vorbehalt. Nun beansprucht die Philosophie einen besonders starken Bezug zur Wahrheit, und genau so ein Verlangen bringt uns auch viel näher an die Wahrheit heran als eine Methode, eine Disziplin, ein Protokoll, eine Prozedur; das liegt daran, dass die Welt der Raum ist, in dem Dinge und Ideen ganz heterogen, disparat, ja unvorhersagbar gemischt sind. Ein synaptischer Signalaustausch ruht im selben Ereignisraum wie ein im Entstehen befindliches Gedicht, ein Luftzug, eine Ameise, die den Nachhauseweg sucht, ein aufkeimender Krieg, und alles ist mit allem verbunden, ohne dass es eine höhere Einheit gäbe als die der Mischung, ohne dass die Ursachen und Wirkungen nach formaler Homogenität oder Isomorphie geordnet wären. Es ist ein Irrtum zu glauben, indem wir *ausschließlich* die Phänomene in Zusammenhang bringen, die dieselbe Natur oder dieselbe Form haben (physikalische Phänomene mit anderen physikalischen Phänomenen, soziale Fakten mit anderen sozialen Fakten usw.), könnten wir zum Verständnis der Welt gelangen. Es ist ein Irrtum zu glauben, indem wir die Verschiedenartigkeit aller Komponenten verdrängen, die Leben ausmachen, könnten wir begreifen, was alles Leben überhaupt möglich macht. Die Welt ist kein Raum, der sich durch die Ordnung der Dinge definiert, sondern viel eher durch das Klima der Einflüsse, die Meteorologie der Atmosphären. Leben und Welt sind nur Bezeichnungen für die universelle Mischung, das Klima, die Einheit, die bloß nicht bis zur Verschmelzung von Substanz und Form geht.

Ein Klima verstehen heißt, eine Atmosphäre begreifen.

So lassen sich die Pflanze und ihre Struktur viel besser von der Kosmologie her erklären als von der Botanik. Und die Anthropologie kann von der Struktur einer Blüte viel mehr lernen als vom sprachlichen Selbstwissen der menschlichen Sprecher, um die Natur der sogenannten Rationalität zu verstehen. Warum? Weil jede Wahrheit mit jeder anderen Wahrheit in Verbindung steht, genauso wie jedes Ding mit jedem anderen Ding verbunden ist. Diese Verbindung, diese universelle Verschwörung der Ideen, der Wahrheiten *und* der Dinge, ist im Übrigen das, was wir Welt nennen: was wir durchqueren und was uns durchquert, jederzeit, jedes Mal, wenn wir atmen. Wenn das Wissen *weltlich* bleiben möchte, *Wissen und Kenntnisse dieser Welt,* dann müssen wir ihre Struktur respektieren. In der Welt ist alles mit allem gemischt, nichts ist ontologisch vom Rest getrennt. Dasselbe gilt für Erkenntnisse und Ideen. Im Meer des Denkens kommuniziert alles mit allem, jedes Wissen durchdringt alles und wird von allem anderen durchdrungen. Jeder Gegenstand kann von jeder Disziplin gekannt werden, jedes Wissen kann jedem Gegenstand Zugriff bieten.

Im Grunde kann wahre Kenntnis der Welt nur eine Form der spekulativen Autotrophie sein: Statt sich immer und ausschließlich von den bereits irgendwann von dieser oder jener Disziplin (einschließlich der Philosophie) sanktionierten Wahrheiten zu speisen, statt sich auf der Grundlage bereits strukturierter, geordneter, ordentlich aufgestellter kognitiver Elemente konstruieren zu wollen, müsste sie jede beliebige Materie, jedes Objekt oder Ereignis zur Idee machen, genau wie die Pflanzen jedes beliebige Fleckchen Erde, Luft und Licht zu Leben machen können. Das wäre

die radikalste Form spekulativer Aktivität, eine vielgestalti-
ge, grenzgängige Kosmologie, die keinen Unterschied macht
zwischen Orten, Formen und den verschiedenen Arten, mit
ihr umzugehen.

15

WIE EINE ATMOSPHÄRE

Das Aufkommen der Philosophie darf man nicht als historisches Ereignis verstehen, das ein für alle Mal stattgefunden hat. Die Philosophie ist weniger eine an ihrem Gegenstand, der Methode oder an räumlich und zeitlich universell einheitlichen Fragen und Zielen erkennbare Disziplin, sondern eine Art atmosphärische Verfasstheit, die ganz plötzlich aufkommen kann – überall und jederzeit. Sie kann eine Zeit lang über das Wissen der Menschen herrschen, aber auch ganz plötzlich aus häufig rätselhaften Gründen wieder verschwinden, genau wie die Milde eines Frühlingstags oder ein Sturm mit einem Schlag zu Ende sein können. In diesem Sinn ist die Vorstellung von einer progressiven, ja selbst von einer nicht linearen Geschichte des Denkens genauso illusorisch wie der Gedanke, es könnte ein Archiv geben, einen Kanon oder ein Erbe philosophischer Werke oder Texte: Es gibt nur eine Meteorologie des Denkens im ursprünglichen, aristotelischen Sinn, einer Wissenschaft, die sich der langen Liste der Naturphänomene widmet, die sich nach den Naturgesetzen ereignen, aber unter weniger regelmäßigen Bedingungen als die des ersten Elements der Körper – etwa Winde und Erdbeben oder Blitzschlag, Orkane, Stürme. Die

»philosophischen« Gedanken und Begriffe sind keine Spezialkenntnisse, die über anderen Formen von Kenntnis oder Ideen stehen, sondern eine Art Bewegung, die das Eigenelement der Vernunft und des Wissens angeht, eine instabile und doch mächtige Zusammenstellung des aktuellen Wissens, so wie auch Wind, Wolken, Regen keine Elemente sind, die zusätzlich zu den bereits in der Welt existierenden auftreten, sondern einfach nur zufällige Veränderung oder Manifestation ihrer Macht und ihres Einflusses auf uns. So wie eine bestimmte Temperatur, ein bestimmtes Licht und jede neue Anordnung der Naturelemente das Gesicht eines Ortes verändern und über seine Bewohnbarkeit entscheiden können, modifiziert jedes philosophische Ereignis die Anordnung des Wissens und der Kenntisse eines historischen Kontextes, um dessen Existenzmodus radikal zu verändern. Zuallererst ist das eine epistemologische Selbstverständlichkeit: Die Philosophie ist atmosphärisch, denn die Wahrheit existiert immer in Form von Atmosphäre. Erst in ihrer Mischung mit den übrigen Elementen findet jedes Ding seine Identität: Die Atmosphäre ist wahrer als das Sein. Dass die Philosophie aber die Atmosphäre dem Sein vorzieht, liegt daran, dass sie die Extremform sämtlicher Elemente ist. In diesem Sinn manifestiert sich die *atmosphärische* Natur der philosophischen Erkenntnis in ihrer Form und in der Unmöglichkeit, sie auf ein Wissen zu reduzieren, das durch einen Gegenstand, eine Methode oder einen bestimmten Stil definiert wird, der wiederum anderes ausschließt.

Es ist also unmöglich, die Philosophie auf einen bestimmten Gegenstand, ein »homogenes«, eindeutiges Untersuchungsgebiet zu reduzieren; denn sie ist überall. Sie steht keinesfalls im Gegensatz zu den anderen Wissensformen – Physik, Literatur, Informatik, Kunst –, sondern deckt sich mit den Grenzen des Erkennbaren und Sagbaren. Nichts ist *originär* philosophisch, und jeder beliebige Gegenstand – auch die, die nicht existieren und nie werden sein können – kann und muss zum Gegenstand der Philosophie werden.

Genauso ist es schlechthin unmöglich, von einem philosophischen Buch zum anderen irgendeine stilistische Kontinuität zu finden. Die Philosopie hat in ihrer Geschichte alle verfügbaren literarischen Genres bedient, vom Roman bis zum Gedicht, von der Abhandlung bis zum Aphorismus, vom Märchen bis zur mathematischen Formel. Traditionell ist jede symbolische Form schon allein dadurch philosophisch, und keine darf eine höhere Eignung beanspruchen, die Wahrheit zu erreichen; kein Schreibstil ist der Philosophie angemessener als irgendein anderer. Der aktuelle akademische Hype um das vage Kauderwelsch des mit Fußnoten bewehrten Essays hat aus dieser Sicht überhaupt keine Daseinsberechtigung. Ein Film, eine Skulptur, ein Popsong, aber auch ein Kieselstein, eine Wolke, ein Pilz kann genauso intensiv *philosophisch* sein wie eine geologische Abhandlung, die *Kritik der reinen Vernunft* oder eine mit kalkulierter Nachlässigkeit hingeworfene Lebensweisheit.

Genauso unmöglich ist es schließlich, eine einzige Methode herauszufiltern; die einzige Methode ist eine extrem heftige Liebe zum Wissen, eine wilde, rohe und ungezähmte Leidenschaft für die Erkenntnis in allen Formen und zu allen Gegenständen. Die Philosophie ist Erkenntnis unter dem Einfluss des Eros, dem undiszipliniertesten, rauesten aller Götter. Eine Disziplin kann sie nie werden: Sie ist vielmehr das, wozu menschliches Wissen wird, wenn es erst anerkannt hat, dass es Disziplinen gar nicht geben kann, weder moralische noch epistemologische. Das Gegenteil zu behaupten, die Philosophie an eine Reihe von bereits vorgefertigten Fragen zu binden, an Probleme, die ihr angeblich zu eigen sind, heißt, sie mit einer scholastischen Doktrin zu verwechseln.[1] Deshalb kann eine Idee nie in den Archiven liegen: Sie verkörpert den Scheidepunkt jeder Tradition, das *clinamen* innerhalb jeder Disziplin, über das ein bestimmtes Wissen zum Paradigma, zum Exempel werden kann. Das ist das Ideal im Gegensatz zur sokratischen Atopie: Das philosophische Denken ist nirgends, es ist überall. Wie eine Atmosphäre.

DANK

Die Idee zu diesem Buch hatte ich bei einem Besuch im Fushimi Inari-Schrein in Kyoto im März 2009, gemeinsam mit Davide Stimilli und Shinobu Iso. Doch erst während meines einjährigen Aufenthalts an der *Italian Academy for Advanced Studies in America* an der New Yorker Columbia University konnte ich sie fortführen und hatte die nötige Zeit, um sie zu Papier zu bringen.

Mein Dank geht an David Freedberg und Barbara Faedda, die mich so herzlich aufgenommen und mit ihrer Aufmerksamkeit und Freundschaft immer wieder einen menschlichen und wissenschaftlichen Austausch ermöglicht haben. Ohne die Gespräche und die alltägliche Unterstützung von Fabián Ludueña Romandini wäre nichts möglich gewesen. Caterina Zanfi hat bei der Entstehung dieses Buchs eine sehr wichtige Rolle gespielt: ich danke ihr herzlich. Guido Giglioni verdanke ich die Entdeckung der langen naturphilosophischen Tradition der Renaissance und der frühen Moderne.

Nora Philippe hat eine vorläufige Fassung des Manuskripts redigiert und kommentiert; ihre Kritik und ihre Vorschläge waren ganz entscheidend.

Die Gespräche in Paris oder New York mit Frédérique Aït-Touati, Emmanuel Alloa, Marcello Barison, Chiara Bottici, Cammy Brothers, Barbara Carnevali, Dorothée Charles, Emanuele Clarizio, Michela Coccia, Emanuele Dattilo, Chiara Franceschini, Daniela Gandorfer, Donatien Grau, Peter Goodrich, Camille Henrot, Noreen Khawaja, Alice Leroy, Henriette Michaud, Philippe-Alain Michaud, Christine Rebet, Olivier Souchard, Michele Spanò, Justin Steinberg, Peter Szendy und Lucas Zwirner waren grundlegend. Mit all der Freundschaft und Kraft, die nur sie aufbringen kann, hat Lidia Breda das Projekt von Anfang an unterstützt und begleitet, dafür danke ich ihr unendlich. Und schließlich danke ich Renaud Paquette, die mein Französisch von allem Stottern befreit und dem Manuskript Luft zum Atmen verschafft hat.

Dieses Buch ist dem Andenken an meinen Zwillingsbruder Matteo gewidmet: mit und neben ihm habe ich begonnen zu atmen.

ANMERKUNGEN

1 Karl J. Niklas, *Plant Evolution. An Introduction to the History of Life*, Chicago und London: University of Chicago Press 2016, S. VII.

1 Von den Pflanzen, oder vom Ursprung unserer Welt

1 Einzige große Ausnahme in der Moderne ist das Meisterwerk von Gustav Fechner, Nanna oder Über das Seelenleben der Pflanzen, Leipzig: Voß 1848. Gegenüber diesem Schweigen wird allmählich die Stimme ganz weniger Forscher und Intellektueller hörbar, sodass manche bereits von einem plant turn sprechen. Elaine P. Miller, The Vegetative Soul: From Philosophy of Nature to Subjectivity in the Feminine, Albany: State University of New York Press 2002; Matthew Hall, Plants as Persons: A Philosophical Botany, New York: State University of New York Press 2011; Eduardo Kohn, How Forests Think: Toward an Anthropology Beyond the Human, Berkeley: California University Press 2013; Michael Marder, Plant Thinking: A Philosophy of Vegetal Life, New York: Columbia University Press 2013; id., The Philosopher's Plant: An Intellectual Herbarium, New York: Columbia University Press 2014; Jeffrey Nealon, Plant Theory: Bio-power and Vegetable Life, Stanford: Stanford University Press 2015. Bis auf seltene Ausnahmen sucht diese Literatur ausschließlich in der rein philosophischen

oder anthropologischen Literatur nach einer Wahrheit über die Pflanzen, ohne mit der aktuellen botanischen Reflexion zu kommunizieren, die ihrerseits äußerst bemerkenswerte Meisterwerke zur Naturphilosophie vorgelegt hat. Erwähnt seien die mir am eindrücklichsten Titel: Agnes Arber, The Natural Philosophy of Plant Form, Cambridge: Cambridge University Press 1950; David Beerling, The Emerald Planet. How Plants Changed Earth's History, Oxford: Oxford University Press 2007; Daniel Chamovitz, Was Pflanzen wissen: wie sie sehen, riechen und sich erinnern, Ü Christa Broermann, München: Hanser 2013 (Orig. New York 2012); Erdred John Henry Corner, Das Leben der Pflanzen, Lausanne: Éd. Rencontre 1971 (Orig. Cleveland 1964); Karl J. Niklas, Plant Evolution. An Introduction to the History of Life, Chicago: The University of Chicago Press 2016; Sergio Stefano Tonzig, Letture di biologia vegetale, Milano: Mondadori 1975; Francis Hallé, Éloge de la plante. Pour une nouvelle biologie, Paris: Seuil 1999; Stefano Mancuso und Alessandra Viola, Die Intelligenz der Pflanzen, Ü Christine Ammann, München: Kunstmann 2015 (Orig. Florenz 2013). Zentral ist die Aufmerksamkeit für Pflanzen auch in der zeitgenössischen amerikanischen Anthropologie, ausgehend von dem umwerfenden Meisterwerk (eigentlich über einen Pilz) von Anna Lowenhaupt Tsing, The Mushroom at the End of the World: On the Possibility of Life in Capitalist Ruins, Princeton: Princeton University Press 2015; und den Arbeiten von Natasha Myers, die ebenfalls ein Buch zu diesem Thema vorbereitet, siehe insbesondere Natasha Myers und Carla Hustak, »Involutionary Momentum: Affective Ecologies and the Sciences of Plant/Insect Encounters«, in: Differences: A Journal of Feminist Cultural Studies, 23 (3), 2012, S. 74–117.

2 Francis Hallé, *Éloge de la plante*, op. cit., S. 321. Mit Karl J. Niklas ist Francis Hallé der Botaniker, der sich am meisten darum bemüht hat, die Betrachtung des Pflanzenlebens zu einem rein metaphyischen Gegenstand zu machen.

3 Karl J. Niklas, *Plant Evolution: An Introduction to the History of Life*, op. cit., S. viii.

4 W. Marshall Darley, »The Essence of ›Plantness‹«, in: *The American Biology Teacher*, Bd. 52, Nr. 6, Sept. 1990, S. 356: »As animals, we identify much more immediately with other animals than with plants.«

5 Darunter am bekanntesten Peter Singer, *Animal Liberation. Die Befreiung der Tiere,* Ü Claudia Schorcht, Reinbek: Rowohlt 1996 (Orig. New York 1975); und Jonathan Safran Foer, *Tiere essen,* Ü Isabel Bogdan, Ingo Herzke und Brigitte Jakobeit, Köln: Kiepenheuer & Witsch 2010 (Orig. New York 2009). Die Debatte aber ist viel älter; vergleiche die beiden großen Werke der Antike: Plutarch, *Darf man Tiere essen?,* Ü Marion Giebel, Stuttgart: Reclam 2015; und Porphyrios, *Über die Enthaltsamkeit von fleischlicher Nahrung,* Ü Detlef Weigt, Superbia: Leipzig 2004. Zur Geschichte der Debatte siehe Renan Larue, *Le Végétarisme et ses ennemis. Vingt-cinq siècles de débats*, Paris: PUF 2015. Die Tierdebatte, die stark von einem extrem oberflächlichen Moralismus geprägt ist, vergisst offenbar, dass die Heterotrophie die Tötung anderer Lebewesen als natürliche, notwendige Dimension alles Lebendigen voraussetzt.

6 Giorgio Agamben, *Das Offene: Der Mensch und das Tier,* Ü Davide Giuriato, Frankfurt: Suhrkamp 2003 (Orig. Torino 2002).

7 Die Debatte über die Pflanzenrechte wird marginal durchaus geführt, mindestens seit dem berühmten Kapitel 27 in Samuel Butler, *Erewhon oder jenseits der Berge,* Ü Fritz Güttinger, Frankfurt/M.: Eichborn 1981 (Orig. London: 1872), mit dem Titel *The Views of an Erewhonian Prophet Concerning the Rights of Vegetables,* bis zum klassischen Artikel von Christopher D. Stone, »Should Trees Have Standing? Toward Legal Rights for Natural Objects«, in: *Southern California Law Review* 45, 1972, S. 450–501. Zu diesen Fragen siehe die hilfreiche Zusammenfassung der philosophischen Debatten bei Michael Marder, *Plant Thinking,* op. cit., sowie die Stellungnahme von Matthew Hall, *Plants as Persons,* op. cit.

8 W. Marshall Darley, »The Essence of ›Plantness‹«, art. cit., S. 356. Siehe auch J. L. Arbor, »Animal Chauvinism, Plant-Regarding

Ethics and the Torture of Trees«, in: *Australasian Journal of Philosophy*, Bd. 64, Nr. 3, Sept. 1986, S. 335–369.

9 Francis Hallé, *Éloge de la plante*, op. cit., S. 325.

10 Zur Frage der *Sinne* bei den Pflanzen siehe Daniel Chamovitz, *Was Pflanzen wissen*, op. cit.; Richard Karban, *Plant Sensing and Communication*, Chicago: The University of Chicago Press 2015. An ihre Grenzen stößt diese Forschung freilich durch die Hartnäckigkeit, unbedingt »analoge« Organe zu denen »aufspüren« zu wollen, die die Wahrnehmung beim Tier ermöglichen, ohne sich zu der Vorstellung zu bemühen, dass bei den Pflanzen ausgehend von ihrer Morphologie womöglich eine andere Form der Wahrnehmung existiert, eine andere Art, den Bezug zwischen Wahrnehmung und Körper zu denken.

11 W. Marshall Darley, »The Essence of ›Plantness‹«, art. cit., S. 354. Die Frage von Oberfläche und Umweltaussetzung ist zentral in Gustav Fechner, *Nanna oder Über das Seelenleben der Pflanzen*, op. cit; sowie bei Francis Hallé, *Éloge de la plante*, op. cit. Zur Frage des Bezugs zur Welt siehe das schöne Buch von Michael Marder, *Plant Thinking*, op. cit., die tiefgründigste philosophische Auseinandersetzung mit der Natur des Pflanzenlebens.

2 Die Ausweitung
der Lebenszone

1 Julius Sachs, *Vorlesungen über Pflanzen-Physiologie*, Leipzig: Wilhelm Engelmann 1882, S. 733.

2 Anthony Trewavas, »Aspects of Plant Intelligence«, in: *Annals of Botany*, 92 (1), 2003, S. 1–20, hier S. 16. Siehe auch sein Meisterwerk, *Plant Behaviour and Intelligence*, Oxford: Oxford University Press 2014.

3 Aristoteles, *De anima* 415a25, in: Aristoteles, *Über die Seele: griechisch-deutsch,* Ü Otto Apelt, Hamburg: Meiner 1995, S. 79.

4 T. M. Lenton, T. W. Dahl, S. J. Daines, B. J. W. Mills, K. Ozaki, M. R.

Saltzman und S. Porada, »Earliest land plants created modern levels of atmospheric oxygen«, in: *Proceedings of the National Academy of Sciences* 113 (35) 2016, S. 9704–9709.

3 Von den Pflanzen,
oder vom Leben des Geistes

1 Aus diesem Grund sind die Pflanzen auch eine wichtige Inspirationsquelle für Designer. Siehe das Buch von Renato Bruni, *Erba Volant. Imparare l'innovazione dalle piante*, Turino: Codice Edizioni 2015. Über die Ingenieurskunst und die Physik der Pflanzen siehe die Grundlagenwerke von Karl J. Niklas, *Plant Biomechanics. An Engineering Approach to Plant Form and Function*, Chicago: The University of Chicago Press 1992; id., *Plant Allometry. The Scaling of Form and Process*, Chicago: The University of Chicago Press 1994; Karl J. Niklas und Hanns-Christof Spatz, *Plant Physics*, Chicago: The University of Chicago Press 2012.

2 Zum Begriff des Samens in der Naturphilosophie der Moderne siehe das wunderschöne Buch von Hiro Hirai, *Le concept de semence dans les théories de la matière à la Renaissance. De Marsile Ficin à Pierre Gassendi*, Turnhout: Brepols 2005.

3 Giordano Bruno, *Von der Ursache, dem Prinzip und dem Einen,* Ü Adolf Lasson, dritte verbesserte Auflage, Leipzig: Dürr 1902 (Orig. 1584), S. 32–33.

4 Für eine Philosophie der Natur

1 Man könnte einwenden, dass das nicht zum ersten Mal der Fall ist. Der Überlieferung zufolge forderte als erster Sokrates, die Philosophie solle sich »mit den ethischen Gegenständen *(perì tu ethika)* [beschäftigen] und gar nicht mit der gesamten Natur« (Aristoteles, *Metaphysik*, 987b 2). Dank Sokrates hat dann Platon »die

Philosophie vom Himmel heruntergerufen, sie in den Städten angesiedelt, sie sogar in die Häuser hineingeführt und sie gezwungen, nach dem Leben, den Sitten und dem Guten und Schlechten zu forschen.« (Cicero, *Tusculanae* 5, 4, 10, zit. n. Cicero, *Gespräche in Tusculum*, Ü Olof Gigon, Stuttgart: Reclam 1973, S. 169). Siehe auch Cicero, *Academica* 1, 4, 15.

2 Siehe etwa Iain Hamilton Grant, »Everything is Primal Germ or Nothing Is: The Deep Field Logic of Nature«, in: *Symposium: Canadian Journal of Continental Philosophy*, 19 (2), 2015, S. 106–124.

3 Die Spezialisierung in den Universitäten beruht auf einer strukturellen wechselseitigen Ignoranz: Spezialist zu sein, bedeutet nicht etwa, in einem Themenbereich über größeres Wissen zu verfügen, sondern sich dem geradezu richterlichen Zwang gebeugt zu haben, die anderen Disziplinen zu ignorieren.

4 Mario Untersteiner, *I Sofisti. Testimonianze e Frammenti,* Bd. 1, Florenz: La Nuova Italia 1949, S. 148, B2.

5 Die bewundernswerten Versuche der Anthropologie, die Natur *ex post* wieder in die Geisteswissenschaften einzugliedern, indem man jeder Bewegung auflauert, über die man sie wieder humanisieren oder *sozialisieren* dürfte, erscheinen in diesem Sinn als naivste Form des Treppenwitzes. Denn bei all diesen Versuchen bleibt die Natur der Bereich des *Nichtmenschlichen,* wobei weder definiert würde, was das Menschliche eigentlich bezeichnet (wie kann man da seit Darwin noch sicher sein?), noch, worin sich das Nichtmenschliche vom Menschen unterscheidet (in der Vernunft? der Sprache? dem Geist?). Das Nichtmenschliche ist damit nur ein neuer, raffinierterer Name für ältere Konzepte: »Bestie«, »irrational«, »amens«. Schon Platon hatte vor dieser Aufteilung gewarnt *(Politikos,* 263d, zit. n. *Platons Dialog Politikos oder Vom Staatsmann,* Ü Otto Apelt, Leipzig: Meiner 1914): »Dem gegenüber aber, mein Allertapferster, muß man sich fragen, ob nicht irgendeine andere Gattung von Geschöpfen, solcher nämlich, bei denen man Vernunft voraussetzen kann, wie z. B. bei den Kranichen, mit den unterscheidenden Benennungen vielleicht ebenso verfahren würde wie du, nämlich das eine Kranichgeschlecht allen

anderen Geschöpfen entgegenstellen und sich selbst darauf nicht wenig zugute tun, dagegen alle anderen Geschöpfe mit Einschluss der Menschen in eine Klasse zusammenfassen würde, für die ihr dann der Name ›Tiere‹ vielleicht gerade gut genug wäre.« Der angenommene Protagoräer informiert und inspiriert wohl auch die gegenläufige Bewegung, nämlich die Assimilation, bei der also stur die Tiere dem Menschen assimiliert werden und die spezifisch menschlichen Merkmale auch anderen Tierarten zufallen sollen. Auch in diesem Fall sind die Konturen des Menschlichen im Voraus bestimmt, und das Natürliche ist eben alles Übrige; und dann geht es womöglich kopfüber in den Versuch, genau diese dialektische Aufteilung zu leugnen. Was also tun, um »uns vor all dergleichen Mißgriffen zu hüten«?

6 Das ist eine der großen Lehren aus dem Werk von Bruno Latour, ausgehend von seinen Meisterwerken *Science in Action. How to Follow Scientists and Engineers through Society*, Cambridge: Harvard University Press 1987 und *Wir sind nie modern gewesen. Versuch einer symmetrischen Anthropologie,* Ü Gustav Roßler, Berlin: Akademie-Verlag 1995 (Orig. Paris 1991). Zur Frage der technischen Vermittlung auch aus moralischer Perspektive siehe das schöne Buch von Peter-Paul Verbeek, *Moralizing Technology: Understanding and Designing the Morality of Things,* Chicago: University of Chicago Press 2011.

7 Siehe zu dieser Frage den Klassiker von Walter Biemel, *Le concept du monde chez Heidegger,* Paris/Louvain, Vrin/Nauwelaerts 1950. Zum Weltbegriff in der Philosophie siehe das Meisterwerk von Rémy Brague, *Die Weisheit der Welt: Kosmos und Welterfahrung im westlichen Denken,* Ü Gennaro Ghirardelli, München: Beck 2006 (Orig. Paris 1999).

8 Jakob von Uexküll, *Umwelt und Innenwelt der Tiere,* Berlin: Springer 2014 (Orig. 1909).

5 Blätter

1 Sergio Stefano Tonzig, *Sull'evoluzione biologica. (Ruminazioni e masticature)*, privates Manuskript (im Besitz von Giovanni Tonzig), S. 18.

2 Der Gedanke geht zurück auf Goethe und seinen Aufsatz *Versuch über die Metamorphose der Pflanzen*, Stuttgart: Cotta 1831, S. 96: »Es mag nun die Pflanze sprossen, blühen oder Früchte bringen, so sind es doch nur immer *dieselbigen Organe* welche, in vielfältigen Bestimmungen und unter oft veränderten Gestalten, die Vorschrift der Natur erfüllen. Dasselbe Organ, welches am Stengel als Blatt sich ausgedehnt und eine höchst mannigfaltige Gestalt angenommen hat, zieht sich nun im Kelche zusammen, dehnt sich im Blumenblatte wieder aus, zieht sich in den Geschlechtswerkzeugen zusammen, um sich als Frucht zum letztenmal auszudehnen.« Siehe auch Lorenz Oken, *Lehrbuch der Naturphilosophie, Dritter Theil, Erstes und Zweites Stück,* Jena: Frommann 1810, S. 72: »Ein Blatt ist eine ganze Pflanze mit allen Systemen und Formationen, mit Fasern, Zellen, Stengel, Aesten, Zweigen, Rinde.« Zur Geschichte der Debatte siehe den Klassiker von Agnes Arber, *The Natural Philosophy of Plant Form*, op. cit.; sowie ihre Essays »The Interpretation of Leaf and Root in the Angiosperms«, in: *Biological Review* 16, 2, 1941, S. 81–105, und »Goethe's Botany«, in: *Chronica Botanica*, 10, 2, 1946, S. 63–126. Siehe auch den Text von H. Uittien, »Histoire du problème de la feuille«, in: *Recueil des travaux botaniques néerlandais* 36, 2, 1940, S. 460–472. Eine modernere Diskussion der Frage findet sich in R. Sattler (Hg.), *Axioms and Principles of Plant Construction. Proceedings of a Symposium Held at the International Botanical Congress, Sydney, Australia, August 1981*, Dordrecht: Springer, 1982; Neelima R. Sinha, »Leaf Development in Angiosperms«, in: *Annual Review Plant Physiology and Molecular Biology*, 50, 1999, S. 419–446; und Hirokazu Tsukaya, »Comparative Leaf Development in Angiosperms«, in: *Current Opinion in Plant Biology*, 17, 2014, S. 103–109. Für eine Synthese über die Biologie des Blatts siehe das schöne Buch von Steven

Vogel, *The Life of a Leaf*, Chicago: The University of Chicago Press 2012.

3 Ibid., S. 31.

6 Eintauchen ins Leben:
Der Tiktaalik roseae

1 Das Team bestand aus Edward B. Daeschler, Farisch A. Jenkins und Neil H. Shubin. Siehe Per Erik Ahlberg und Jennifer A. Clack, »Palaeontology: A Firm Step from Water to Land«, in: *Nature*, 440.7085, 2006, S. 747–749; E. B. Daeschler, N. H. Shubin und F. A. Jenkins, »A Devonian Tetrapod-like Fish and the Evolution of the Tetrapod Body Plan«, in: *Nature*, 440.7085, 2006, S. 757–763; N. H. Shubin, E. B. Daeschler und F. A. Jenkins, »The pectoral fin of *Tiktaalik roseae* and the origin of the tetrapod limb«, in: *Nature*, 440.7085, 2006, S. 764–771; Neil H. Shubin, *Der Fisch in uns: Eine Reise durch die 3,5 Milliarden Jahre alte Geschichte unseres Körpers,* Ü Sebastian Vogel, Frankfurt/M.: Fischer 2008 (Orig. London 2008).

2 Stanley L. Miller und Harold Clayton Urey, »Organic Compound Synthesis on the Primitive Earth«, in: *Science* 130 (3370), 1959, S. 245–251. Das Experiment bestätigte die Abiogenese-Hypothese von Oparin und Haldane.

3 Die Vorstellung von der Ursuppe taucht erstmals in einem Brief Darwins an den Botanisten Joseph D. Hooker vom 1. Februar 1871 auf, in dem er von einem »kleinen warmen Teich« spricht, und dann wieder in den Schriften von Oparin und Haldane, die als erstes Milieu für das Leben eine »warme verdünnte Suppe« *(hot dilute soup)* nennen. Siehe John B. S. Haldane, »The Origin of Life«, in: *Rationalist Annual* 148, 1929, S. 3–10; und Aleksandr I. Oparin, *The Origin of Life,* New York: Macmillan Company 1938. Zu dieser Frage siehe Antonio Lazcano, »Historical Development of Origins Research«, in: *Cold Spring Harbor Perspectives in Biology*, 2 (11): a002089 doi: 10 1101/cshperspect.a002089; Iris Fry, *The Emer-*

gence of Life on Earth: A Historical and Scientific Overview, New
Brunswick: Rutgers University Press 2000.

4 Das ist die tatsächliche philosophische Bedeutung des Buchs von
René Quinton, *L'Eau de mer milieu organique. Constance du milieu marin originel, comme milieu vital des cellules, à travers la série animale*, Paris: Masson 1904. Siehe S. V: »Dieses Buch wird
schrittweise die beiden folgenden Punkte darstellen: 1. Das Tierleben im Zellstatus ist im Meer entstanden. 2. Im gesamten Tierreich hat tierisches Leben immer dazu geneigt, die Zellen, aus denen sich jeder Organismus zusammensetzt, in einem maritimen
Milieu zu belassen, sodass bis auf wenige hier vernachlässigbare
Ausnahmen, die im Übrigen nur niedere, untergegangene Arten zu betreffen scheinen, jeder tierische Organismus ein regel-
rechtes Meerwasseraquarium ist, in dem die Zellen, die ihn bilden, weiterhin in den aquatischen Bedingungen des Urzustands
leben.«

7 An der frischen Luft:
Ontologie der Atmosphäre

1 Die Literatur zu dieser Frage ist äußerst umfassend. Siehe Patricia
G. Gensel und Dianne Edwards (Hgg.), *Plants Invade the Land –
Evolutionary & Environmental Perspectives*, New York: Columbia
University Press 2001; M. Vecoli, G. Clément und B. Meyer-Ber-
thaud (Hgg.), *The Terrestrialization Process: Modelling Complex In-
teractions at the Biosphere-Geosphere Interface*, London: Geological
Society 2010; Joseph E. Armstrong, *How the Earth Turned Green:
A Brief 3.8-Billion-Year History of Plants*, Chicago: University of
Chicago Press 2014. Siehe auch die Lehrbücher zur Evolutions-
geschichte der Pflanzen, unter anderen Kathy J. Willis, *The Evolution of Plants*, Oxford: Oxford University Press 2002, insbesondere
Kap. II und III; sowie T. N. Taylor, E. L. Taylor und M. Krings, *Pa-
leobotany: The Biology and Evolution of Fossil Plants*, Burlington/

London/San Diego/New York: Elsevier/Academic Press 2009. Unter den neuesten Studien siehe J. A. Raven, »Comparative Physiology of Plant and Arthropod Land Adaptation«, in: *Philosophical Transactions of the Royal Society London*, B 309, 1985, S. 273–288; Paul Kenrick und Peter R. Crane, »The Origin and Early Evolution of Plants on Land«, in: *Nature*, 389 (6646), 1997, S. 33–39; Martin Gibling und Neil Davies, »Paleozoic Landscapes Shapes by Plants Evolution«, in: *Nature Geosciences*, 5, 2012, S. 99–105.

2 In den Worten von Karl J. Niklas: »Die Durchsetzung des Pflanzenlebens war eher eine Invasion des Luftraums als der Erde.« Siehe sein Meisterwerk *The Evolutionary Biology of Plants,* Chicago: University of Chicago Press 1997.

3 R. B. MacNaughton, J. M. Cole, R. W. Dalrymple, S. J. Braddy, D. E. G. Briggs, T. D. Lukie, »First Steps on Land: Arthropod Trackways in Cambrian-Ordovician Eolian Sandstone, Southeastern Ontario, Canada«, in: *Geology*, Bd. 30, 2002, S. 391–394.

4 Simon J. Braddy, »Palaeoecology: palaeobiological, ichnological and comparative evidence for a ›mass-moult-mate‹ hypothesis«, in: *Palaeogeography, Palaeoclimatology, Palaeoecology* 172, 2001, S. 115–132.

5 Auch zu dieser Frage gibt es umfassende Literatur. Grundlegenden Einblick gibt Preston E. Cloud, »Atmospheric and Hydrospheric Evolution on the Primitive Earth«, in: *Science* 160, 1968, S. 729–736; sowie Heinrich D. Holland, »Early Proterozoic Atmospheric Change«, in: Stefan Bengtson (Hg.), *Early Life on Earth*, New York: Columbia University Press 1994, S. 237–244; id., »The Oxygenation of the Atmosphere and Oceans«, in: *Philosophical Transactions of the Royal Society: Biological Sciences* Bd. 361, 2006, S. 903–915; id., »Why the Atmosphere became Oxygenated: A Proposal«, in: *Geochimica et Cosmochimica Acta* 73, 2009, S. 5241–5255. Orientierung gibt das wunderschöne Buch von Donald E. Canfield, *Oxygen. A Four Billion Year History*, Princeton: Princeton University Press 2014. Mit Blick auf die geologischen Ursachen erklären das große Sauerstoffereignis unter anderem M. Wille, J. D. Kramers, T. F. Nägler, N. J. Beukes, S. Schröder, T. Meisel, J. P. Lacassie und

A. R. Voegelin, »Evidence for a Gradual Rise of Oxygen between 2.6 and 2.5 Ga from Mo Isotopes and Re-PGE Signatures in Shales«, in: *Geochimica et Cosmochimica Acta* 71, 2007, S. 2417–2435. Eine biologische Erklärung findet sich unter anderen bei T. J. Algeo, R. A. Berner, J. B. Maynard und S. E. Scheckler, »Late Devonian Oceanic Anoxic Events and Biotic Crises: Rooted in the Evolution of Vascular Land Plants?«, in: *GSA Today* 5, 1995, S. 63–66; Joseph L. Kirschvink und Robert E. Kopp, »Paleoproterozoic Ice Houses and the Evolution of Oxygen-Mediating Enzymes: The Case for a Late Origin of Photosystem II«, in: *Philosophical Transaction of the Royal Society*, B 363, 2008, S. 2755–2765.

6 Siehe dazu die Literatur aus Anm. 5.

7 Zur Begriffsgeschichte der Atmosphäre siehe Craig Martin, »The Invention of Atmosphere«, in: *Studies in History and Philosophy of Science*, A 52, 2015, S. 44–54.

8 Jakob von Uexküll, *Streifzüge durch die Umwelten von Tieren und Menschen: ein Bilderbuch unsichtbarer Welten: Bedeutungslehre*, Hamburg: Rowohlt 1956 (1934), S. 21–22.

9 Jakob von Uexküll, *Theoretische Biologie*, Frankfurt/M.: Suhrkamp 1973 (1920), S. 108.

10 Ibid., S. 66.

11 Jakob von Uexküll, *Streifzüge*, op. cit., S. 31.

12 Jakob von Uexküll, *Die Lebenslehre*, Potsdam: Müller & Kiepenheuer 1930, S. 134–135.

13 F. J. Odling-Smee, K. N. Laland und M. W. Feldman, *Niche Construction: The Neglected Process in Evolution*, Princeton: Princeton University Press 2003. Die Theorie der Nischenkonstruktion gründet sich stark auf die Schriften von R. C. Lewontin, »Organism and Environment«, in: H. C. Plotkin (Hg.), *Learning, Development and Culture*, New York: Wiley 1982, S. 151–170; id., »The Organism as the Subject and Object of Evolution«, in: *Scientia* 118, 1983, S. 65–82; id., »Adaptation«, in: Richard Levins und Richard Lewontin (Hgg.), *The Dialectical Biologist*, Cambridge: Harvard University Press 1985, S. 65–84. Einen Überblick über die Frage gibt Sonia E. Sultan, *Organism and Environment: Ecological Devel-*

opment, Niche Construction and Adaptation, Oxford: Oxford University Press 2015.

14 Kevin N. Laland, »Extending the Extended Phenotype«, in: *Biology and Philosophy* 19, 2004, S. 313–325; K. N. Laland, J. F. Odling-Smee und M. W. Feldman, »Evolutionary Consequences of Niche Construction and their Implications for Ecology«, in: *Proceedings of the National Academy of Sciences* 96, 1999, S. 10 242–10 247; K. N. Laland, J. F. Odling-Smee und S. F. Gilbert, »Evodevo and Niche Construction: Building Bridges«, in: *Journal of Experimental Zoology* 310, 2008, S. 549–566.

15 G. G. Brown, C. Feller, E. Blanchart, S. Deleporte und S. S. Chernyanskii, »With Darwin, Earthworms Turn Intelligent and Become Human Friends«, in: *Pedobiologia*, 47, 2004, S. 924–933.

16 Charles Darwin, *Die Bildung der Ackererde durch die Tätigkeit der Würmer mit Beobachtung über deren Lebensweise,* Ü J. Victor Carus, Berlin: März 1983 (Orig. London 1881), S. 173.

17 Ibid., S. 173.

18 Ibid.

19 Ibid., S. 177.

20 Kim Sterelny, »Made By Each Other: Organisms and Their Environment«, in: *Biology and Philosophy* 20, 2005, S. 21–36.

21 Die Literatur zur Tierkultur ist inzwischen beträchtlich. Siehe unter anderem Gavin R. Hunt und Russell D. Gray, »Diversification and Cumulative Evolution in New Caledonian Crow Tool Manufacture«, in: *Proceedings of the Royal Society*, B 270, 2003, S. 867–874; Kevin N. Laland und William Hoppitt, »Do Animals have Culture?«, in: *Evolutionary Anthropology* 12, 2003, S. 150–159; Kevin N. Laland und Bennett G. Galef Jr (Hgg.), *The Question of Animal Culture*, Cambridge: Harvard University Press 2009; Luke Rendell und Hall Whitehead, »Culture in Whales and Dolphins«, in: *Behaviour and Brain Sciences* 24, 2001, S. 309–324; David F. Sherry und Bennett G. Galef Jr, »Social Learning without imitation«, in: *Animal Behaviour* 40, 1990, S. 987–989; Andrew Whiten und Carel S. Van Schaik, »The Evolution of Animal ›Cultures‹ and Social Intelligence«, in: *Philosophical Transactions of the Royal*

Society, B 362, 2007, S. 603–620. Eine bedeutende, originelle Einführung gibt Dominique Lestel, *Les Origines animales de la culture*, Paris: Flammarion 2001.

22 Siehe F. J. Odling-Smee, K. N. Laland und M. W. Feldman, *Niche Construction*, op. cit. S. 13: »*We call this second general inheritance system ecological inheritance. It comprises whatever legacies of modified natural selection pressures are bequeathed by niche constructing ancestral organisms to their descendants. Ecological inheritance differs from genetic inheritance in several important respects.*«

23 Kevin N. Laland, »Extending the Extended Phenotype«, op. cit., S. 316: »*Organisms not only acquire genes from their ancestors but also an ecological inheritance, that is, a legacy of natural selection pressures that have been modified by the niche construction of their genetic or ecological ancestors. Ecological inheritance does not depend on the presence of any environmental replicators, but merely on the persistence, between generations, of whatever physical changes are caused by ancestral organisms in the local selective environments of their descendants. Thus ecological inheritance more closely resembles the inheritance of territory or property than it does the inheritance of genes.*«

24 Georgyi F. Gause, *The Struggle for Existence*, Baltimore: Williams & Wilkins 1934. Zur Geschichte des Begriffs Nische siehe Arnaud Pocheville, »The Ecological Niche: History and Recent Controversies«, in: T. Heams, S. Huneman, G. Lecointre und M. Silberstein (Hgg.), *Handbook of Evolutionary Thinking in the Sciences*, New York: Springer 2015, S. 547–586.

25 Zum Begriff ›Einfluss‹ *(influence)* in der Ökologie siehe den klassischen Aufsatz von Robert J. Naiman, »Animal Influences on Ecosystem Dynamics«, in: *BioScience* 38, 1988, S. 750–752, der einräumt, wie schwierig es ist, die Aktionsweite der Lebewesen auf das Milieu einzugrenzen: »*As a general phenomenon, this process is complicated and difficult to study because many animal population cycles occur over long periods* (i. e., *decades); alterations to the ecosystem are apparently subtle over short periods* (i. e., *increased tree*

mortality or altered soilformation); and shifts in biogeochemical cycles or sediment and soil characteristics are not detectable over short periods (i.e., years). Nevertheless, these successional pathways often result in a heterogeneous landscape that would not occur under the dominating influence of climate and geology alone; they require the intervention of animal activity.«

26 Siehe dazu den berühmten Essay von C.G.Jones, J.H.Lawton und M.Shachak, »Organisms as Ecosystem Engineers«, in: *Oikos* 69, 1994, S.373–386: *»Ecosystem engineers are organisms that directly or indirectly modulate the availability of resources (other than themselves) to other species, by causing physical state changes in biotic or abiotic materials. In so doing they modify, maintain and/or create habitats. The direct provision of resources by an organism to other species, in the form of living or dead tissues is not engineering. Rather, it is the stuff of most contemporary ecological research, for example plant-herbivoroer predator-prey interactions food web studies and decomposition processes.«*

27 Charles Bonnet, *Recherches sur l'usage des feuilles dans les plantes, et sur quelques autres sujets relatifs à l'histoire de la végétation*, Göttingen/Leiden: Elie Luzac 1754, S.47. Zum Folgenden siehe Leonard Kollender Nash, *Plants and the Atmosphere*, Cambridge: Harvard University Press 1952; Howard Gest, »Sun-beams, Cucumbers, and Purple Bacteria: Historical Milestones in Early Studies of Photosynthesis Revisited«, in: *Photosynthesis Research* 19, 1988, S.287–308; id., »A ›Misplaced Chapter‹ in the History of Photosynthesis Research; the Second Publication (1796) on Plant Processes by Dr Jan Ingenhousz, MD, Discoverer of Photosynthesis«, in: *Photosynthesis Research* 53, 1997, S.65–72; R.Govindjee und H.Gest (Hgg.), »Celebrating the millennium – historical highlights of photosynthesis research, Part 1«, in: *Photosynthesis Research* 73, 2002, S.1–308; R.Govindjee, J.T.Beatty, H.Gest (Hgg.), »Celebrating the millennium – historical highlights of photosynthesis research, Part 2«, in: *Photosynthesis Research* ∕6, 2003, S.1–462; Jane Hill, »Early Pioneers of Photosynthesis Research«, in: J.Eaton-Rye, B.C.Tripathy, T.D.Sharkey (Hgg.), *Pho-*

tosynthesis: Plastid Biology, Energy Conversion and Carbon Assim-
ilation, Dordrecht: Springer 2012, S. 771–800. Zur Botanik im
18. Jahrhundert siehe die bedeutende Studie von François Dela-
porte, *Das zweite Naturreich: Über die Fragen des Vegetabilischen
im 18. Jahrhundert*, Ü Eva Brückner-Pfaffenberger, Frankfurt/M.:
Ullstein 1983 (Orig. Paris 1979). Siehe auch die Gesamtdarstellung
von Claude Lance, *Respiration et photosynthèse. Histoire et secrets
d'une équation*, Les Ulis: EDP Sciences 2013. Eine Einführung in
die aktuelle Forschung findet sich bei Jack Farineau und Jean-
François Morot-Gaudry, *La Photosynthèse. Processus physiques,
moléculaires et physiologiques*, Versailles: Editions QUAE 2011.

28 Joseph Priestley, »Observations on Different Kinds of Air«, in:
Philosophical Transactions of the Royal Society of London 62, 1772,
S. 147–264, hier S. 166.

29 Ibid., S. 168.

30 Ibid., S. 232.

31 Ibid., S. 193.

32 Jan Ingenhousz, *Versuche mit Pflanzen: wodurch entdeckt worden,
daß sie die Kraft besitzen, die atmosphärische Luft beim Sonnenschein zu reinigen, und im Schatten und des Nachts über zu ver-
derben; nebst einer neuen Methode die Reinigkeit der Atmosphäre
genau abzumessen*, Leipzig: Weygand 1780 (Orig. London 1779),
S. 34. Über Ingenhousz siehe Geerdt Magiels, *From Sunlight to In-
sight: Jan Ingenhousz, the discovery of photosynthesis and science in
the light of ecology*, Brüssel: VUBPress, Academic and Scientific
Publishers 2010.

33 Jan Ingenhousz, op. cit., S. 32–33.

34 Ibid., S. 35.

35 Ibid., S. 36.

36 Ibid., S. 43–44.

37 Jean Senebier, *Physikalisch-chemische Abhandlungen über den Einfluß des Sonnenlichts auf alle drei Reiche der Natur und auf das
Pflanzenreich insonderheit*, Leipzig: Jacobäer 1785 (Orig. Genf
1782).

38 Nicolas Théodore de Saussure, *Chemische Untersuchungen über*

die Vegetation, Ü A. E. Wieler, Leipzig: Engelmann 1804 (Orig. Paris 1804).

39 Julius Robert von Mayer, *Die organische Bewegung in ihrem Zusammenhange mit dem Stoffwechsel. Ein Beitrag zur Naturkunde,* Heilbronn: Drechsler 1845.

40 Siehe die bahnbrechenden Studien, die zum Verständnis der chemischen Dynamik der Photosynthese führten: Robin Hill, »Oxygen Evolved by Isolated Chloroplasts«, in: *Nature* 139, 1937, S. 881–882, und id., »Oxygen Produced by Isolated Chloroplasts«, in: *Proceedings of the Royal Society Biological Sciences* B 127, 1939, S. 192–210.

41 James E. Lovelock, »Geophysiology. The Science of Gaia«, in: *Reviews of Geophysics* 27, 1989, S. 215–222, hier S. 216.

42 Zur Geschichte des Begriffs Symbiose siehe Oliver Perru, »Aux origines des recherches sur la symbiose vers 1868–1883«, in: *Revue d'histoire des sciences* 59 (1), 2006, S. 5–27. Zur Symbiogenese siehe Liya Nikolaevna Khakhina, *Concepts of Symbiogenesis: A Historical and Critical Study of the Research of Russian Botanists,* New Haven: Yale University Press 1992; sowie die Übersetzung des Klassikers von Boris Mikhaylovich Kozo-Polyansky, *Symbiogenesis: A New Principle of Evolution,* Cambridge: Harvard University Press 2010. Zu aktuellen Forschungsansätzen siehe die Gesamtdarstellungen von Lynn Margulis, *Symbiosis in Cell Evolution: Microbial Communities in the Archean and Proterozoic Eons,* New York: W. H. Freeman ²1993; id., *Die andere Evolution,* Ü Sebastian Vogel, Heidelberg, Berlin: Spektrum 1999 (Orig. New York 1998).

43 Zu diesem letzten Punkt siehe Allison L. Steiner et al., »Pollen as Atmospheric Cloud Condensation Nuclei«, in: *Geophysical Research Letters* 42, 2015, S. 3596–3602.

44 Craig Martin, »The Invention of Atmosphere«, art. cit.

45 Siehe Philo von Alexandria, *De confusione linguarum,* in: Paul Wendland (Hg.), *Philonis Alexandrini opera quae supersunt,* Berlin: Reimer 1897 (Reprint Berlin: De Gruyter 2013), S. 264 (SVF II 472); Alexander von Aphrodisias, *De mixtione,* in: Friedemann Rex (Hg.), *Chrysipps Mischungslehre und die an ihr geübte Kritik*

in Alexanders von Aphrodisias, mit einer vollständigen Übersetzung von Alexanders Schrift Über die Mischung und das Wachstum, Frankfurt (Diss.) 1966. Zur Frage der Mischung siehe die wunderbare Monografie von Jocelyn Groisard, *Mixis. Le problème du mélange dans la philosophie grecque d'Aristote à Simplicius,* Paris: Les Belles Lettres 2016.

46 So die Grundlage beinahe der gesamten aktuellen Debatte um den Spekulativen Realismus, die leider ausschließlich die beiden erstgenannten Weltbegriffe zu kennen scheint und die Vorstellung von einer Welt als Mischung vollständig ignoriert. Siehe unter anderem Quentin Meillassoux, *Nach der Endlichkeit,* Ü Roland Frommel, Zürich, Berlin: Diaphanes 2008 (Orig. Paris 2006); Markus Gabriel, *Warum es die Welt nicht gibt,* Berlin: Ullstein 2013.

47 Alexander von Aphrodisias, *De mixtione,* zit. n. Rainer Nickel (Hg.), *Stoa und Stoiker: 2 Bände. Griechisch – Lateinisch – Deutsch,* Berlin, Boston: De Gruyter 2011, S. 301.

48 Johannes Stobaeus, *Eclogarum physicarum et ethicarum libri duo,* 1, 17, 4 (153.24 Wachsmuth = SVF II 471). Wenn Georges Canguilhem schreibt, »Leben heißt ausstrahlen und das Milieu ausgehend von einem Bezugszentrum organisieren, das selbst nicht auf etwas bezogen werden kann, ohne seine ursprüngliche Bedeutung zu verlieren«, paraphrasiert er damit unbewusst den stoischen Begriff *pneuma* (der in der Renaissance großen Nachhall fand). Siehe Georges Canguilhem, *Die Erkenntnis des Lebens,* Ü Till Bardoux, Maria Muhle und Francesca Raimondi, Berlin: August 2009 (Orig. Paris 1952), S. 266.

8 Der Atem der Welt

1 Manuskript der Dibner Collection, MS. 1031 B, The Dibner Library of the History of Science and Technology, Smithsonian institution Libraries, c. 3v: »*Thus this Earth resembles a great animall or rather inanimate vegetable, draws in aethereall breath for its dayly refreshment & vitall ferment & transpires again with gross exhalations.*«

2 James E. Lovelock und Lynn Margulis, »Biological Modulation of the Earth's Atmosphere«, in: *Icarus* 21, 1974, S. 471–489, hier S. 471; siehe auch id., »Atmospheric Homeostasis by and for the Biosphere: the Gaia Hypothesis«, in: *Tellus* 26, 1974, S. 2–10. Zur Geschichte der Gaia-Hypothese siehe den ausführlichen Titel von Michael Ruse, *The Gaia Hypothesis: Science on a Pagan Planet*, Chicago: University of Chicago Press 2013.

3 James E. Lovelock und Lynn Margulis, »Biological Modulation of the Earth's Atmosphere«, art. cit., S. 485.

4 Jean-Baptiste de Lamarck, *Hydrogeologie oder Untersuchung über den Einfluss des Wassers auf die Veränderung der Erdoberfläche*, Ü E. F. Wrede, Berlin: Nauk 1805 (Orig. Paris 1802), S. 3–4.

5 Ibid., S. 241: »Man wird überdem einsehen, wie gross dieser Einfluss ist, wenn man erwägt, dass die Abgänge der lebenden Körper und ihrer Producte sich unablässig zersetzen, umwandeln und zuletzt aufhören, noch kenntlich zu seyn. Dass ferner das Regenwasser, welches sie befeuchtet, eintränkt, bespült und filtrirt, die ungleichartigen nähern Bestandtheile der Abgänge von lebenden Körpern absondert, die Veränderungen, deren sie ihrer Natur gemäss noch fähig sind, begünstigt, sie mit sich fortreisst, wegführt und in demjenigen Zustande, welchen sie erlangt haben, wieder absetzt.«

6 Jean-Baptiste de Lamarck, *Mémoires de physique et d'histoire naturelle, établis sur les bases de raisonnement indépendantes de toute théorie; avec l'exposition de nouvelles considérations sur la cause générale des dissolutions; sur la matière du feu; sur la couleur des corps; sur la formation des composés; sur l'origine des minéraux, et sur l'organisation des corps vivans, lus à la première classe de l'Institut national dans ses séances ordinaires, suivis de Discours prononcé à la Société Philomatique le 23 floréal an V*, Paris, 1797, S. 386.

7 Siehe dazu den wunderschönen Text von Jean-Baptiste Fressoz, »Circonvenir les *circumfusa*: la chimie, l'hygiénisme et la libéralisation des ›choses environnantes‹: France 1750–1850«, in: *Revue d'histoire moderne et contemporaine* 56 (4), 2009, S. 39–76.

8 Jean-Baptiste Boussingault und Jean-Baptiste Dumas, *Essai de*

statique chimique des êtres organisés, Paris: Fortin Masson 1842, S. 5–6.

9 Wladimir I. Wernadski, *The Biosphere*, New York: Copernicus 1998, S. 122.

10 Ibid., S. 76.

11 Ibid., S. 120.

12 Ibid., S. 87.

13 Ibid., S. 44. Siehe auch S. 47: »*The biosphere may be regarded as a region of transformers that convert cosmic radiations into active energy in electrical, chemical, mechanical, thermal and other forms. Radiations from all stars enter the biosphere, but we catch and perceive only an insignificant part of the total; this comes almost exclusively from the Sun.*«

14 Ibid., S. 50.

15 Ibid., S. 57.

16 Richard Kapferer (Hg.), *Die Werke des Hippokrates,* Bd. 6: *Luft, Wasser und Ortslage,* Stuttgart: Hippokrates 1934.

17 Siehe Montesquieu, *Vom Geist der Gesetze,* 2. Teil, 14. Buch, 10. Kapitel, Wien: Bauer 1799 (Orig. Genf 1748), S. 83: »Die verschiedenen Bedürfnisse in den verschiedenen Climaten haben die verschiedenen Lebensarten veranlasst; und diese verschiedenen Lebensarten haben die verschiedenen Gattungen von Gesetzen hervorgebracht.« Zur Doktringeschichte siehe Roger Mercier, »La théorie des climats. Des ›*Réflexions critiques*‹ à ›*L'Esprit des lois*‹«, in: *Revue d'histoire littéraire de la France,* 53, 1953, S. 17–37 und 159–175.

18 Johann G. Herder, *Ideen zur Philosophie der Geschichte der Menschheit,* in: id., *Werke,* Bd. 6, Frankfurt: Deutscher Klassiker Verlag 1989.

19 Watsuji Tetsurō, *Fūdo – Wind und Erde: der Zusammenhang von Klima und Kultur,* Ü Dora Fischer-Barnicol und Okochi Ryogi, Darmstadt: WBG 1992 (Orig. 1935). Zum Autor siehe Robert N. Bellah, »Japan's Cultural Identity: Some Reflections on the Work of Watsuji Tetsurō«, in: *The Journal of Asian Studies* 24, 1965, S. 573–594; Augustin Berque, »Milieu et logique du lieu chez Watsuji«, in: *Revue philosophique de Louvain* 92, 1994, S. 495–507;

Graham Mayeda, *Time, Space and Ethics in the Philosophy of Watsuji Tetsurō, Kuki Shuzo, and Martin Heidegger*, New York: Routledge 2006.

20 Jean-Baptiste Dubos, *Réflexions critiques sur la poésie et sur la peinture*, 2. Teil, Paris: Mariette 1719, S. 205.

21 Edme Guyot (Ps. Sieur de Tymogue), *Nouveau système du Microcosme ou Traité de la nature de l'homme*, La Haye: M. G. de Merville 1727, S. 246.

22 Georg Simmel, *Soziologie. Untersuchungen über die Formen der Vergesellschaftung,* München, Leipzig: Duncker & Humblot 1922, S. 490. Zu Simmel siehe Barbara Carnevali, »*Aisthesis* et estime sociale. Simmel et la dimension esthétique de la reconnaissance«, in: *Terrains/Théories* 4, 2016, 19.8.2016, https://teth.revues.org/686, letzter Zugriff am 26.7.2017.

23 Peter Sloterdijk, *Sphären I. Blasen,* Frankfurt/M.: Suhrkamp 1998, S. 46–48.

24 Ibid., S. 46.

25 Gernot Böhme, »Atmosphäre als Grundbegriff einer neuen Ästhetik«, in: id., *Atmosphäre: Essays zur neuen Ästhetik,* Frankfurt/M.: Suhrkamp 1995, S. 21–48, hier S. 34. Siehe auch den genannten klassischen Sammelband insgesamt. Einen Überblick über den Begriff gibt Tonino Griffero, *Atmospheres. Aesthetics of Emotional Spaces*, Farnham: Ashgate 2014. Eine radikale Lektüre des Begriffs Atmosphäre aus rechtlicher Sicht gibt das bedeutende Werk von Andreas Philippopoulos-Mihalopoulos, *Spatial Justice: Body, Lawscape, Atmosphere*, London: Routledge 2015.

26 Léon Daudet, *Mélancholia*, Paris: Bernard Grasset 1928, S. 32. Zu Daudet siehe Barbara Carnevali, »›Aura‹ e ›Ambiance‹: Léon Daudet tra Proust e Benjamin«, in: *Rivista di Estetica* 46, 2006, S. 117–141.

27 Léon Daudet, *Mélancholia,* op. cit., S. 16.

28 Ibid., S. 86.

29 Ibid., S. 25.

9 Alles ist in allem

1 In *Sphären I. Blasen,* op. cit., gebraucht Peter Sloterdijk das Bild der gegenseitigen Verschränkung (das, wie er einräumt, »auf der Linie stoischer Körper-Mischungsphilosophien« gedacht wird), doch er konzentriert sich lieber auf die theologische Version nach Johannes von Damaskus, die *perichoresis* der drei dreifaltigen Personen. Diese Entscheidung ist sehr folgenreich. Erstens soll, anders als Sloterdijk schreibt, mit der göttlichen Mischung nicht »die verdrängungsfreie nichthierarchische Verschränkung von Substanzen zum Ausdruck gebracht werden« *(Blasen,* S. 605): Ganz im Gegenteil wird die gesamte neoplatonische und später die christliche Tradition versuchen, in den Begriff der Mischung eine hierarchische Ordnung einzuführen (Gott der Vater steht nicht und kann nicht auf derselben Ebene stehen wie der Heilige Geist). Zudem geht es in beiden Traditionen darum, die Möglichkeit der Mischung auf die spirituellen Substanzen zu begrenzen, die Mischung zu einer Eigenschaft zu machen, die vor allem dem Geist zufällt und nicht den eigentlichen Körpern: Sloterdijks Mischung ist damit ein rein anthropologischer (oder theologischer) Raum, Gestalt einer spirituellen Beziehung zwischen akosmischen Subjekten und nicht die normale Physiologie jedes Weltwesens. Aus demselben Grund ignoriert oder vernachlässigt er daher die Bedeutung des Anaxagoras-Bezugs. Zur Rezeption des Mischungsbegriffs in Neoplatonismus und christlicher Theologie siehe insbesondere Jocelyn Groisard, *Mixis,* op. cit., S. 225–292.

2 Augustinus, *Bekenntnisse* X, 15–16.

3 In diesem Sinn erscheint uns auch Schellings Ansatz als ungenügend. Zu Schellings Naturphilosophie und zum deutschen Idealismus siehe den schönen Band von Iain Hamilton Grant, *Philosophies of Nature after Schelling,* London: Bloomsbury 2006.

4 Natasha Myers, »›Photosynthesis‹. Theorizing the Contemporary«, in: *Cultural Anthropology,* 21.1.2016, http://culanth.org/fieldsights/790-photosynthesis, letzter Zugriff am 28.7.2017.

5 So lautet auch die These des wunderschönen Buchs von Chris-

tophe Bonneuil und Jean-Baptiste Fressoz, *L'Événement Anthro-pocène. La Terre, l'histoire et nous*, Paris: Seuil 2016.

10 Wurzeln

1 Howard J. Dittmer, »A Quantitative Study of the Roots and Root Hairs of a Winter Rye Plant (Secale cereale)«, in: *American Journal of Botany* 24, 1937, S. 417–420.

2 Mindestens bis zum Ende des Devon lebten die Gefäßpflanzen offenbar ohne die Entwicklung von Wurzelachsen, siehe J. A. Raven und Diane Edwards, »Roots: Evolutionary Origins and Bio-geochemical Significance«, in: *Journal of Experimental Botany* 52, 2001, S. 381–401; S. G. Gensel, M. Kotyk und J. F. Basinger, »Morphology of Above- and Below-Ground Structures in Early De-vonian (Pragian – Emsian)«, in: S. G. Gensel und D. Edwards (Hgg.), *Plants Invade the Land: Evolutionary and Environmental Perspectives*, New York: Columbia University Press 2001, S. 83–102; Nuno D. Pires und Liam Dolan, »Morphological Evolution in Land Plants: New Designs with old Genes«, in: *Philosophical Transactions of Royal Society* B 367, 2012, S. 508–518, insbesondere S. 511–512; Paul Kenrick und Christine Strullu-Derrien, »The Origin and Early Evolution of Roots«, in: *Plant Physiology* 166, 2014, S. 570–580; Paul Kenrick, »The Origin of Roots«, in: A. Eshel und T. Beeckman (Hgg.), *Plant Roots: The Hidden Half*, London: Taylor & Francis [4]2013, S. 1–13. (Der Band ist äußerst maßgeblich und enthält eine umfassende Bibliografie).

3 Gar W. Rothwell und Diane M. Erwin, »The Rhizomorph Apex of Paurodendron; Implications for Homologies among the Rooting Organs of the Lycopsida«, in: *American Journal of Botany* 72, 1985, S. 86–98; Liam Dolan, »Body Building on Land – Morphological Evolution of Land Plants«, in: *Current Opinion in Plant Biology* 12, 2009, S. 4–8.

4 Die Herkunft dieses Bildes ist sehr alt. Siehe zu der Frage Cari-Martin Edsman, »Arbor inversa. Heiland, Welt und Mensch als

Himmelspflanzen«, in: K. Rudolph (Hg.), *Festschrift Walter Baetke. Dargebracht zu seinem 80. Geburtstag am 28. März 1964*, Weimar 1966, S. 85–109; und Luciana Repici, *Uomini capovolti. Le piante nel pensiero dei greci*, Bari: Laterza 2000. Siehe auch Platon, *Timaios* 90a-b.

5 Aristoteles, *De anima* 416a2, op. cit., S. 83.

6 Averroes, *Commentarium Magnum in Aristotelis »De Anima« libros*, F. S. Crawford (Hg.), Bd. VI, 1, Cambridge: Mediaeval Academy of America 1953, S. 190.

7 Guilelmus de Conchis, *Dragmaticon philosophiae* 6, 23,4, in: *Opera omnia*, Bd. 1, Italo Ronca (Hg.) CCCM 152, Turnholti: Brepols, 1997, S. 259; Alanus ab Insulis, *Liber in distinctionibus dictionum theologicalium*, in: MPL 210 c. 707–708; Alexander Neckam, *De naturis rerum* 2, 152, ed. Wright 232; Hugo Ripelin, *Compendium Theologicae Veritatis* 2, 57, Pais (Hg.), Bd. 34, S. 78a. Es handelt sich hier tatsächlich um einen Gemeinplatz, der in allen Wissens- und Schriftformen verbreitet ist; siehe etwa Cornelius a Lapide, *Commentaria in Danielem Prophetam*, cap. IV, V. 6, in: *Commentaria in quatuor Prophetas Maiores, Apud Henricum et Cornelium Verdussen*, MDCCIII, S. 1298; id., *Commentaria in Marcum*, cap. VIII, in: *Commentarius in Evangelia*, 2. Aufl., MDCCXVII, Venezia: Hieronymi Albritii Venetiis, S. 461; zu Francis Bacon siehe *Novum Organum*, in: *Collected Works of Francis Bacon*, Bd. 7, T.1, S. 278–279.

8 Carl von Linné, *Philosophia Botanica in qua explicantur Fundamenta Botanica*, Vienna: Joannis Thomae Trattner 1763, S. 97: *»planta animal inversum veteribus dictum fuit«.*

9 Charles Darwin, *Das Bewegungsvermögen der Pflanzen (= Charles Darwin's gesammelte Werke XIII),* Ü J. Victor Carus, Stuttgart: Schweizerbart 1881, S. 492. Siehe auch F. Baluška, S. Mancuso, D. Volkmann und P. W. Barlow, »The ›Root-brain‹ Hypothesis of Charles and Francis Darwin. Revival after more than 125 Years«, in: *Plant Signaling & Behavior* 12, 2009, S. 1121–1127.

10 Siehe Anthony J. Trewavas, *Plant Behaviour and Intelligence,* op. cit.; Stefano Mancuso und Alessandra Viola, *Die Intelligenz der Pflanzen,* op. cit.

11 F. Baluška, S. Lev-Yadun und S. Mancuso, »Swarm Intelligence in Plant Roots«, in: *Trends in Ecology and Evolution* 25, 2010, S. 682–683; M. Ciszak, D. Comparini, B. Mazzolai, F. Baluška, F. T. Arecchi, T. Vicsek et al., »Swarming Behavior in Plant Roots«, in: *PLoS ONE* 7 (1): e29759. doi: 10 1371/journal.pone.0029759. Die Fachliteratur zu diesem Thema ist inzwischen sehr umfassend; siehe insbesondere F. Baluška, S. Mancuso, D. Volkmann und S. W. Barlow, »Root Apices as Plant Command Centres: The Unique ›Brain-like‹ Status of the Root Apex Transition Zone«, in: *Biologia*, 59, 2004, S. 9–17; E. Brenner, R. Stahlberg, S. Mancuso, J. Vivanco, F. Baluška und E. Van Volkenburgh, »Plant Neurobiology: An Integrated View of Plant Signaling«, in: *Trends of Plant Science* 11, 2006, S. 413–419; F. Baluška und S. Mancuso, »Plant Neurobiology: From Stimulus Perception to Adaptive Behavior of Plants, via integrated Chemical and Electrical Signaling«, in: *Plant Signaling & Behavior* 6, 2009, S. 475–476; A. Alpi, N. Amrhein, A. Bertl, M. R. Blatt, E. Blumwald, F. Cervone et al., »Plant Neurobiology: No Brain, No Gain?«, in: *Trends in Plant Science*, 12, 2007, S. 135–136; E. D. Brenner, R. Stahlberg, S. Mancuso, F. Baluška und E. Van Volkenburgh, »Plant neurobiology: the gain is more than the name«, in: *Trends in Plant Science* 12, 2007, S. 285–286; S. W. Barlow, »Reflections on ›Plant Neurobiology‹«, in: *BioSystems* 92, 2008, S. 132–147; F. Baluška (Hg.), *Plant-Environment Interactions: From Sensory Plant Biology to Active Plant Behavior*, Berlin: Springer 2009; F. Baluška, S. Mancuso (Hgg.), *Signaling in Plants*, Berlin: Springer 2009. Siehe auch das kürzlich erschienene Manifest von S. Calvo, »The Philosophy of Plant Neurobiology: A Manifesto«, in: *Synthese* 193, 2016, S. 1323–1343.

12 Anthony Trewavas versucht, einen nicht-zerebralen Intelligenzbegriff zu definieren und widersetzt sich damit dem, was Vertosick als zerebralen Chauvinismus bezeichnet hat. Siehe Anthony J. Trewavas, *Plant Behaviour and Intelligence,* op. cit., S. 201 ff; und id., »Aspects of Plant Intelligence«, op. cit.; Frank T. Vertosick, *The Genius Within. Discovering the Intelligence of Every Living Thing*, New York: Harcourt 2002. Einige (freilich sehr schwache) Kritik-

punkte an Trewavas' Vorschlag finden sich unter anderem bei Richard Firn, »Plant Intelligence: An Alternative Point of View«, in: *Annals of Botany* 93, 2004, S. 345–351; sowie F. Cvrčková, H. Lipavská und V. Žárský, »Plant intelligence: Why, why not or where?«, in: *Plant Signaling & Behavior* 4 (5), 2009, S. 394–399. Der Gedanke der *Erde* als Gehirn kehrt immer wieder in den letzten Texten von Marshall McLuhan, siehe »The Brain and the Media: The ›Western‹ Hemisphere«, in: *Journal of Communication* 28, 1978, S. 54–60.

13 Das bemerkte Dov Koller sehr explizit: »*In this respect, all but very few plants are obligate amphibians, with part of their body permanently in the aerial environment and the remaining part within the soil. This structural differentiation in plants is based on function.*« (Dov Koller, *The Restless Plant*, Elizabeth Van Volkenburgh (Hg.), Cambridge: Harvard University Press 2011, S. 1). Zum Begriff der ontologischen Amphibien in der Anthropologie siehe das wunderschöne Buch von Eben Eirksey, *Emergent Ecologies*, Durham: Duke University Press 2015; sowie René ten Bos, »Towards an Amphibious Anthropology: Water and Peter Sloterdijk«, in: *Society and Space* 27, 2009, S. 73–86. Allerdings bedeutet der Begriff in diesem Fall wie bei der biologischen Verwendung das sukzessive Bewohnen von zwei oder mehr Milieus.

14 Julius Sachs, »Über orthotrope und plagiotrope Pflanzenteile«, in: *Arbeiten des Botanischen Instituts in Würzburg*, Bd. 2, Leipzig: Engelmann 1882, S. 226–284.

15 Zum Gravitropismus siehe neben den zitierten Monografien von Chamovitz, Karban und Koller den Klassiker von Theophil Ciesielski, *Untersuchungen über die Abwärtskrümmung der Wurzel*, Dissertation Universität Breslau 1871, S. 1–30; Peter W. Barlow, »Gravity Perception in Plants: A Multiplicity of Systems Derived by Evolution?, in: *Plant, Cell and Environment* 18, 1995, S. 951–962; R. Chen, E. Rosen und P. H. Masson, »Gravitropism in Higher Plants«, in: *Plant Physiology* 120, 1999, S. 343–350; C. Wolverton, H. Ishikawa und M. L. Evans, »The Kinetics of Root Gravitropism: Dual Motors and Sensors«, in: *Journal of Plant Growth Re-*

gulation 21, 2002, S. 102–112; R. M. Perrin, L.-S. Young, N. Murthy, B. R. Harrison, Y. Wang, J. L. Will und S. H. Masson, »Gravity Signal Transduction in Primary Roots«, in: *Annals of Botany* 96, 2005, S. 737–743; Miyo Terao Morita, »Directional Gravity Sensing in Gravitropism«, in: *The Annual Review of Plant Biology* 61, 2010, S. 705–720.

16 August Pyramus De Candolle, *Organographie der Gewächse oder kritische Beschreibung der Pflanzen-Organe,* Ü Carl Friedrich Meisner, Stuttgart: Cotta 1828 (Orig. Déterville 1827), S. 204. Das Motiv steht bereits bei Aristoteles, siehe Aristoteles, *De anima* 415b28–416a, op. cit., S. 83: »Empedokles hat darüber nicht zutreffend gesprochen, als er hinzufügte, daß das Wachstum bei den Pflanzen nach unten hin geschehe, weil die Erde (in ihnen) von Natur dahin gehe, und nach oben hin, weil das Feuer ebenso dahin gehe«.

17 Thomas Andrew Knight, »On the Direction of the Radicle and Germen during the Vegetation of Seeds«, in: *Philosophical Transactions of the Royal Society* 99, London: 1806, S. 99–108, hier S. 99. Bereits vor Knight hatte Henri-Louis Duhamel de Monceau (den Knight zitiert) versucht, eine Erklärung dafür zu liefern, warum »Eicheln, die an einem feuchten Ort in Haufen bei einander liegen, keimen, wobei allemahl, die Eichel mag liegen, wie sie will, alle Würzelein gegen den Boden zu, und alle Federn oder Stämmlein in die Höhe gehen.« (Henri Louis Duhamel du Monceau, *Natur-Geschichte der Bäume: darin von der Zergliederung der Pflanzen und der Einrichtung ihres Wachsens gehandelt wird,* Ü Carl Christoph Oelhafen von Schöllenbach, Nürnberg: Winterschmidt 1765 (Orig. Paris 1758), S. 107.

18 Julius Sachs, »Über orthotrope und plagiotrope Pflanzenteile«, art. cit.

19 Charles Darwin, *Das Bewegungsvermögen der Pflanzen,* op. cit., S. 167–168 und S. 487–488.

20 Dov Koller, *The Restless Plant,* op. cit., S. 46.

21 Charles Darwin, *Das Bewegungsvermögen der Pflanzen,* op. cit., S. 168.

22 Friedrich Nietzsche, *Also sprach Zarathustra,* Prolog Kap. 3, Chemnitz: Schmeitzner 1883, S. 9.

23 Aristoteles, *De plantis* 817b, 20–22., in: id., *Minor Works,* Ü W. S. Hett, Cambridge: Harvard University Press 1955/2000, S. 157.

11 Was am tiefsten in der Welt liegt, sind die Gestirne

1 Kliment Timiryazev, *The Life of the Plants. Ten Popular Lectures,* Moskau: Foreign Languages Publishing House 1953, S. 341. Siehe auch S. 188: »*It is not the leaf as a whole, but the chloroplast that colours it green, which serves as a connecting link between the sun and all things living upon the earth.*«

2 Julius Mayer, *Die organische Bewegung in ihrem Zusammenhange mit dem Stoffwechsel,* op. cit., S. 37–38.

3 Friedrich Nietzsche, *Also sprach Zarathustra,* op. cit., S. 10.

4 Seit dem Vorschlag einer *Geophilosophie* durch Deleuze und Guattari ist dieser Geozentrismus explizit. Siehe Gilles Deleuze und Félix Guattari, *Was ist Philosophie?,* Ü Bernd Schwibs und Joseph Vogl, Frankfurt/M.: Suhrkamp 2009 (Orig. Paris 1991); R. Brassier, *Nihil Unbound. Enlightenment and Extinction,* London: Palgrave 2007; Eugene Thacker, *In the Dust of this Planet. Horror of Philosophy,* Bd. 1, Winchester: Zero Books 2011; Ben Woodard, *On an Ungrounded Earth, Towards a New Geophilosophy,* New York: Punctum Books 2013. Eine Ausnahme zu dieser Tendenz bildet das schöne Buch des Philosophen Peter Szendy, *Kant chez les extraterrestres. Philosofictions cosmopolitiques,* Paris: Minuit 2011.

5 Edmund Husserl, »*Umsturz der Kopernikalischen Lehre* in der gewöhnlichen weltanschaulichen Interpretation. Die Ur-Arche Erde bewegt sich nicht. Grundlegende Untersuchungen zum phänomenologischen *Ursprung der Körperlichkeit, der Räumlichkeit der Natur* im ersten naturwissenschaftlichen Sinne. Alles notwendige Anfangsuntersuchungen«, in: Marvin Farber (Hg.), *Philosophical*

Essays in Memory of Edmund Husserl, Cambridge: Harvard University Press 1940/1968, S. 307–325, hier S. 312.

6 Ibid., S. 309.

7 Ibid., S. 315.

8 Ibid., S. 320.

9 Ibid., S. 315, 318.

10 Ibid., S. 324.

11 Gilles Deleuze und Félix Guattari, *Was ist Philosophie?*, op. cit., S. 97.

12 Nicolaus Copernicus, *De revolutionibus libri sex,* 1,10, zit. n. Nicolaus Copernicus, *Das neue Weltbild, Lateinisch-Deutsch,* Ü Hans Günter Zekl, Hamburg: Meiner 2006, S. 137. Die Literatur zur Bedeutung der kopernikanischen Revolution ist äußerst umfassend. Siehe unter anderem Michel-Pierre Lerner, *Le monde des sphères II. La fin du cosmos classique*, Paris: Les Belles Lettres 2008; Alexandre Koyré, *La Révolution astronomique. Copernic, Kepler, Borelli*, Paris: Les Belles Lettres 2016; und Thomas S. Kuhn, *Die kopernikanische Revolution,* Ü Helmut Kühnelt, Wiesbaden: Vieweg & Teubner 2013 (Orig. Cambridge 1957).

13 Diese Schlussfolgerung zog Giordano Bruno aus den Schlussfolgerungen des Kopernikus: »*Astrorum igitur unum terra est, que non minus digno altoque caelo comprehenditur quia quodcunque ex aliis aliud*« (Giordano Bruno, *Camoeracensis Acrotismus*, in: *Opera latine conscripta*, Neapel: F. Fiorentino 1971, Art. LXV.) Zu Bruno und Kopernikus siehe die schönen Bücher von Miguel A. Granada, *El debate cosmologico en 1588. Bruno, Brahe, Rothann, Ursus, Röslin*, Neapel: Bibliopolis 1996; und id., *Sfere solide e cielo fluido: momenti del dibattito cosmologico nella seconda metà del Cinquecento*, Mailand: Guerini e Associati 2002.

14 Für eine ganz andere, aber extrem radikale und originelle kosmozentrische Sichtweise siehe das Meisterwerk von Fabián Ludueña Romandini, *Más allá del principio antrópico. Hacia una filosofía del outside*, Buenos Aires: Prometeo Libros 2012. Ludueñas Gesamtwerk kann als Spekulation über den Kosmos als abiotischen Raum gelten.

1 Für eine Einführung in die extrem komplexe Biologie der Blüten-
pflanzen siehe die populären Sachbücher von Peter Bernhardt,
The Rose's Kiss: A Natural History of Flowers, Washington: Island
Press 1999; Sharman A. Russell, *Das geheime Leben der Blumen*, Ü
Sibylle Hunzinger und Kurt Neff, München: dtv 2003 (Orig. New
York 2001); William C. Burger, *Flowers: How They Changed the
World*, New York: Prometheus Book 2006; Stephen L. Buchmann,
The *Reason for Flowers. Their History, Culture, Biology, and How
They Change Our Lives*, New York: Scribner 2015.

2 Hans André, »La différence de nature entre les plantes et les ani-
maux«, in: *Vues sur la psychologie animale, Cahiers de Philosophie
de la nature IV*, Paris: Vrin 1930, S. 26.

3 An diesem Aspekt ermisst sich die Mangelhaftigkeit des sonst sehr
gut dokumentierten Buchs von Oliver Morton, *Eating the Sun:
How Plants Power the Planet*, New York: Harper Collins 2008.

4 Zu dieser Frage siehe den Titel von Edgar Dacqué zur idealisti-
schen Morphologie: Edgar Dacqué, *Natur und Seele. Ein Beitrag
zur magischen Weltlehre*, München: Oldenburg 1926. Eine moderne Perspektive gibt Michele Spanò, »Funghi del capitale«, in: *Po-
litica e società* 3, 2016, S. 443–448.

5 Hierokles, *Hierocles the Stoic: Elements of Ethics, Fragments, and
Excerpts*, Ilaria Ramelli (Hg.), Atlanta: Society of Biblical Litera-
ture 2009, S. 5.

6 Ibid., S. 18. Zur stoischen *oikeiosis* siehe Frank Dirlmeier, *Die Oi-
keiosis-Lehre Theophrasts*, Leipzig: Dieterich 1937; Roberto Radi-
ce, *Oikeiosis: Ricerche sul fondamento del pensiero stoico e sulla sua
genesi*, Milano: Vita e Pensiero 2000; Chang-Uh Lee, *Oikeiosis.
Stoische Ethik in naturphilosophischer Perspektive*, Freiburg/Mün-
chen: Alber 2002; Robert Bees, *Die Oikeiosislehre der Stoa. Bd. 1:
Rekonstruktion ihres Inhalts*, Würzburg: Königshausen und Neumann 2004.

7 Zur Selbstinkompatibilität siehe Simon J. Hiscock und Stephanie
M. McInnis, »The Diversity of Self-Incompatibility Systems in

Flowering Plants«, in: *Plant Biology* 5, 2003, S. 23–32; D. Charles-worth, X. Vekemans, V. Castric und S. Glémin, »Plant Self-Incompatibility Systems: A Molecular Evolutionary Perspective«, in: *New Phytologist* 168, 2005, S. 61–69.

13 Vernunft ist Sexualität

1 Zur Geschichte des Begriffs Gen siehe André Pichot, *Histoire de la notion de gène*, Paris: Flammarion 1999.

2 Jan Marek Marci z Kronlandu, *Idearum operatricium idea sive hypotyposis et detectio illius occultae virtutis, quae semina faecundat et ex iisdem corpora organica producit*, Prag: Seminarium Archiepiscopale 1635.

3 Petrus Severinus, *Idea medicinae philosophicae continens totius doctrinae Paracelsicae Hippocraticae et Galienicae,* Basel: Henricpetrus 1571.

4 Zu diesen Fragen siehe Walter Pagel, *Paracelsus. An introduction to Philosophical Medicine in the Era of Renaissance*, New York: Karger 1958; id., *William Harvey's Biological Ideas. Selected Aspects and Historical Background*, New York: Karger 1967; und Guido Giglioni, »Il ›Tractatus de natura substantiae energetica‹ di F. Glisson«, in: *Annali della Facolta di Lettere e Filosofia dell'Universita di Macerata* 24, 1991, S. 137–179; id., »La teoria dell' immaginazione nell' idealismo biologico di Johannes Baptista Van Helmont«, in: *La Cultura* 29, 1991, S. 110–145; id., »Conceptus uteri/Conceptus cerebri. Note sull'analogia del concepimento nella teoria della generazione di William Harvey«, in: *Rivista di storia della filosofia* 1993, S. 7–22; id., »Panpsychism versus Hylozoism: An interpretation of some Seventeenth-Century Doctrines of Universal Animation«, in: *Acta comeniana* 11, 1995, S. 25–44; und id., *Immaginazione e malattià: Saggio su Jan Baptiste van Helmont*, Milano: FrancoAngeli 2000.

5 In den Worten des Charles Drelincourt *(De conceptione adversaria,* Lugdunum Batavorum 1685, S. 3–4):

185

»*conceptio fit in utero naturalis sicut in cerebro fit conceptus ani-malis*«. Die Grundlage dieser Analogie funktioniert in beide Rich-tungen.

6 So der Gedanke von Peder Sørensen, der zu seinen *semina* schreibt: »*nec laboriosam sortem obtinuerunt: sine sollicitudine de-fatigatione, ratiocinatione, dubitatione, pensum absolvunt, scientia ingenita vitali, ipsa denique essentia. Tales scientiae quia cognitionis consensum et conscientiam non habent, dicuntur non scire ea quae faciunt, et tamen videntur scire: operibus enim documenta ponunt divinae scientiae*« (Idea medicinae philosophicae, op. cit., S. 91).

7 »*Aequivoce enim nostra scientia cum illa confertur. Nos sensibus memoriis rationum deductionibus et multa sollicitudine praecep-ta ordinatae coniungentes scientias acquirimus, illis innata est, non veluti accidentia subiectis innascuntur; sed est ipsa earum essentia, vita potestas ideoque validius agere potest. Nostra morta est, si cum hac conferatur*« (ibid., S. 91).

8 »*Ex dictis autem elucescit, dari perceptionem priorem, generaliorem et simpliciorem ea sensuum et consequenter dari perceptionem na-turalem. Dices, etiamsi haec perceptio non veniat ab anima sensiti-va, posse tamen ab anima vegetativa commode deduci. Aristoteles enim videtur insinuare, animal primo vivere vitam plantae dein animalis. Respondeo ut se habet forma tricei ad formam plantae ex se formandae ita se habere formam ovi ad formam pulli inde oriundi; sed in utrisque formam inchoatam a perfecta solis gradibus perfectioinis differre. […] Si ergo formam ovi animam sensitivam inchoatam (quamvis sit praeter usum loquendi) vocari placuerit, per me licet: sed res eodem redit. Ejus enim perceptio non fuerit sen-sitiva, sed tantum naturalis. Res aperta est in grano tritici in quo simiilter inest perceptio naturalis, qua se satum in planta sui gene-ris format, sed ad sensum nunquam aspirat. Atque adeo haec per-ceptio res clare distincta est a sensu.*« (Francis Glisson, *Tractatus de natura substantiae energetica*, London: Brome 1672, s. p. *Ad Lec-torem*).

9 »*Dico perceptionem naturalem nullo modo posse actionem suam suspendere aut se ab obiecto oblato avertere; sed perpetuo ad ex-*

citandum appetitum naturalem et facultatem motivam recta per-gere.« (Francis Glisson, *Tractatus,* op. cit., s. p. *Ad Lectorem*).

10 Lorenz Oken, *Lehrbuch der Naturphilosophie,* Zürich: Schultheß ³1843, S. 218. Zu Oken und der Biologie in der Romantik siehe die schöne Studie von Sibille Mischer, *Der verschlungene Zug der Seele: Natur, Organismus und Entwicklung bei Schelling, Steffens und Oken,* Würzburg: Königshausen & Neumann 1997.

14 Von der universellen Mischung

1 Die Literatur zur Aufteilung in Disziplinen ist unermesslich. Siehe unter anderem Jean-Louis Fabiani, »À quoi sert la notion de discipline?«, in: J. Boutier, J.-C. Passeron und J. Revel, *Qu'est-ce qu'une discipline?,* Paris: EHESS/Enquête 2006, S. 11–34; Dan Sperber, »Why Rethink Interdisciplinarity?«, https://www.dan.sperber.fr/?p=101, letzter Zugriff am 3.8.2017; Thomas S. Kuhn, »The Essential Tension«, in: id., *The Essential Tension,* Chicago/London: The University of Chicago Press 1977, S. 320–339; John Horgan, *An den Grenzen des Wissens: Siegeszug und Dilemma der Naturwissenschaften,* Ü Thorsten Schmidt, München: Luchterhand 1997 (Orig. Reading 1996).

2 Siehe Ilsetraut Hadot, *Arts libéraux et philosophie dans la pensée antique. Contribution à l'histoire de l'éducation et de la culture dans l'Antiquité,* Paris: Vrin 2006.

3 In diesem Sinn ist die seltsame Verklammerung des Sozialen mit dem Epistemologischen, die die Wissenschaftsanthropologie mit der Modernität ihrer Konstitution zu erklären können meint, doch lediglich die Wirkung einer Institution – besser gesagt, der Institution schlechthin, die über Jahrhunderte die Verwaltung des Wissens gesteuert hat. Siehe Bruno Latour und Steve Woolgar, *Laboratory Life: The Social Construction of Scientific Facts,* Beverly Hills: Sage Publications 1979; und Bruno Latour, »Textes à l'appui. Série Anthropologie des sciences et des techniques«, in: *La Science en action,* Ü Michel Biezunski, Paris: La Découverte 1989.

15 Wie eine Atmosphäre

1 Das ist das Paradox des spekulativen Realismus, der zwar versucht, die Existenz des Wirklichen in seiner ganzen Weite neu zu behaupten, aber die Philosophie von allem *realen* Weltwissen gereinigt hat, um sich wieder einmal in den geschlossenen Hof der Bücher zu flüchten, der Themen, traditionellen Argumente, die ein willkürlicher und kulturell sehr eingeschränkter Kanon als »ureigentlich philosophisch« sanktioniert hat.

Daniel Chamovitz
im Carl Hanser Verlag

Was Pflanzen wissen
Wie sie hören, schmecken und sich erinnern
2017, 240 Seiten mit Abbildungen

Haben Pflanzen ein Bewusstsein? Wie ist es um ihr Sinnesleben be-
stellt? Was können sie fühlen, sehen und riechen? Die Forschung des
israelischen Biologen Daniel Chamovitz hat erstaunliche Erkenntnisse
zutage gefördert. Darüber, welche Geräusche Pflanzen wahrnehmen
oder wie sie über ihre Wurzeln miteinander kommunizieren. Wissen-
schaftlich fundiert erläutert er, warum sich nicht nur Menschen, sondern auch Kirschbäume an gutes Wetter erinnern – und dass Gräser es
spüren, wenn wir sie berühren. Nach der Lektüre dieses Buchs werden
Sie nie wieder achtlos auf eine Pflanze treten.

»Ein wunderbar abenteuerliches Buch, das sich spannender liest als so
mancher Krimi. Mehr noch: Es öffnet den Blick für die Natur und jede
noch so kleine Zimmerpflanze.« *Deutschlandradio Kultur*

Dave Goulson
im Carl Hanser Verlag

Die seltensten Bienen der Welt
Ein Reisebericht
2017, 304 Seiten

Dave Goulson hat sich an die pollenbestäubten Fersen bedrohter Bienen und Hummeln geheftet. Ob er den Kampf patagonischer Hummeln gegen invasive Arten beschreibt, in Ecuador auf die spektakulären Prachtbienen trifft oder die letzten Deichhummeln Großbritanniens aufspürt: Goulsons Leidenschaft für die Rettung der aussterbenden Wildbestäuber ist ansteckend.

»Dave Goulsons Bücher sind ein Zugewinn an Welt, an Farbe, an Leben.«
ORF

»Zauberhaft«   *The Times* über *Wenn der Nagekäfer zweimal klopft*

»Ein absolutes Highlight erzählerischer Sachliteratur: lehrreich, unterhaltsam, spannend bis zur letzten Seite.«
Deutschlandfunk über *Und sie fliegt doch*